Design

Decorative materials

室内装饰材料
设计与施工

王翠凤◎编著　　·材料类型　·装饰特点　·设计应用　·工艺做法

中国电力出版社
CHINA ELECTRIC POWER PRESS

内 容 提 要

　　本书包含墙纸涂料、门窗五金、陶瓷石材、软包硬包、玻璃镜面、板材线条、照明设备、厨卫设备等八大类装饰材料的特点、分类、选购技法、设计要点以及施工中的注意事项，不仅用通俗易懂的文字进行了专业阐述，还有近千张实例图片作为辅助说明，更加便于读者理解。本书可作为室内设计师和相关从业人员的参考工具书、高等院校相关专业的教材及软装艺术爱好者的普及读物。

图书在版编目（CIP）数据

室内装饰材料设计与施工 / 王翠凤编著 . — 北京 ： 中国电力出版社，2022.4
ISBN 978-7-5198-6603-7

Ⅰ . ①室… Ⅱ . ①王… Ⅲ . ①室内装饰设计②室内装饰—工程施工
Ⅳ . ① TU238.2 ② TU767

中国版本图书馆 CIP 数据核字（2022）第 045752 号

出版发行：中国电力出版社
地　　　址：北京市东城区北京站西街 19 号（邮政编码 100005）
网　　　址：http://www.cepp.sgcc.com.cn
责任编辑：曹　巍（010-63412609）
责任校对：黄　蓓　朱丽芳
装帧设计：唯佳文化
责任印制：杨晓东

印　　刷：北京瑞禾彩色印刷有限公司
版　　次：2022 年 4 月第一版
印　　次：2022 年 4 月北京第一次印刷
开　　本：787 毫米 ×1092 毫米　16 开本
印　　张：13
字　　数：331 千字
定　　价：78.00 元

在整个全案设计的过程中，装饰材料的运用占有非常重要的地位，其品种的选择、质量的优劣、款式的新旧，都决定着整体设计档次的高低。因此，装饰材料的合理运用不仅能提高室内设计的品质，而且能在很大程度上提升居住的舒适体验。选择装饰材料时，要考虑是否具备使用功能，如果只具备装饰功能是无法长久的。比如，地砖要选择耐磨性、耐压性比较好的，而且不容易碎的质地，否则，不仅起不到装饰功能，而且要花额外的钱修补。

从业主的角度来说，房子装修得好不好，不完全取决于装修工艺的好坏，还要根据装饰材料的主要功能和使用功能进行选择。怎么选择和鉴别装饰材料的质量，如何才能选择出价廉物美的装饰材料，都是需要经过多家筛选完之后，才能做决定。从室内设计的从业人员角度来说，想要成为一名合格的室内设计师，不仅要了解硬装与软装的基础入门知识，熟悉多种多样的装饰风格，还要对品类繁多的装饰材料进行深入的了解。如果仅有空泛枯燥的理论，没有进一步形象的阐述，很难让缺乏专业知识的人了解室内设计。本书正是针对这种情况，系统形象地介绍了全案设计中装饰材料的应用技法，能让读者形成一个非常直观的认识。

本书包含墙纸涂料、门窗五金、陶瓷石材、软包硬包、玻璃镜面、板材线条、照明设备、厨卫设备八大类装饰材料的特点、分类、选购技法、设计要点以及施工中的注意事项，不仅用通俗易懂的文字进行了专业阐述，还有近千张实例图片作为辅助说明，更加便于读者理解。

本书是一本对装饰材料应用技法进行深入解析的图书，内容上力求结构清晰，知识点易懂易学，不谈枯燥的理论体系，只谈装饰材料在室内设计中的具体应用。本书不仅可以作为室内设计师和相关从业人员的参考工具书、软装艺术爱好者的普及读物，也可作为高等院校相关专业的教材。

目录 — Contents

第七章　照明设备　169

第八章　厨卫设备　187

PART

第 一 章

墙纸涂料

DECORATION DESIGN BOOK

纸质墙纸

01 材料的性能与特征

纸质墙纸是一种全部用纸浆制成的墙纸，这种墙纸由于使用纯天然纸浆纤维，透气性好，并且吸水防潮，是一种环保低碳的装饰材料。纸质墙纸由两层原生木浆纸复合而成：打印面纸为韧性很强的构树纤维棉纸，底纸为防潮、透气性很强的檀皮草浆宣纸。由于这两种纸材都由植物纤维组成，因而透气、环保，不发霉、不发黄。

✧ 表面涂有薄层蜡质，无其他任何有机成分，是纯天然的墙纸，耐磨性能好。

✧ 由纯天然纸材加工而成，在完全燃烧时只产生二氧化碳和水，具有极好的安全环保性。

✧ 一旦发现墙纸表面有污迹，只需用海绵蘸清水或清洁剂擦拭，具有很好的耐磨性和抗污性。

✧ 用水性颜料墨水便可以直接打印，打印图案清晰细腻，色彩还原好。

02 材料分类及选购常识

纸质墙纸根据材质构成不同分为原生木浆纸和再生纸。原生木浆纸以原生木浆为原材料，经打浆成型，表面印花而成。其特点就是相对韧性比较好，表面相对较为光滑，每平方米的质量相对较大。再生纸以可回收物为原材料，经打浆、过滤、净化处理而成，该类纸的韧性相对较弱，表面多为发泡或半发泡型，每平方米的质量相对较小。

纸质墙纸还可分为纸质纯纸墙纸、胶面纯纸墙纸、金属类纯纸墙纸、天然材质类纯纸墙纸和无纺布类纯纸墙纸。

△ 经过后期的软装布置，可以实现居室的换颜

品种	特点
纸质纯纸墙纸	具有亚光、环保、自然舒适等特点，颜色生动亮丽
胶面纯纸墙纸	表面多采用 PVC 材质，色彩多样、图案丰富、价格适宜、施工周期短、耐脏、易擦洗
金属类纯纸墙纸	带有金属表面的效果，具有防火、防水、华丽、高贵等特点
天然材质类纯纸墙纸	具有亲切、自然、舒适、环保等特点，非常适用于家庭装饰
无纺布类纯纸墙纸	由棉、麻等天然植物纤维经过无纺成型而成，色彩纯正、触觉柔和

纸质墙纸常见规格				
规格	幅宽（m）	长度（m）	面积（m²）	参考价格
小卷	0.53	10	5.3	150~350 元 / 卷（国产）
中卷	0.7	10	7	200~550 元 / 卷（国产）
大卷	0.93	17.75	16.5	250~850 元 / 卷（国产）

0.53m 宽、10m 长的墙纸是最普通的规格。欧洲大部分国家、亚洲（除了日本以外）国家，以及美国、加拿大等国家均采用此规格。其尺寸小，易施工，适合家装使用。

选购常识	
1	手摸纸质墙纸需感觉光滑，如果有粗糙的颗粒状物体，则并非真正的纯纸墙纸
2	纸质墙纸有清新的木浆味，如果存在异味或无气味则并非纸质墙纸；纸质墙纸燃烧会产生白烟、无刺鼻气味；纸质有透水性；在墙纸上滴几滴水，看是否透过纸面。真正的纸质墙纸结实，不因水泡而掉色，可以取一小部分放在水中刮墙纸表面看其是否掉色
3	注意购买同一批次的产品。即使色彩图案相同，如果不是同一批生产的产品，颜色可能会出现一些偏差，在购买时往往难以察觉，贴到墙上才会发现不同

03 材料应用注意事项

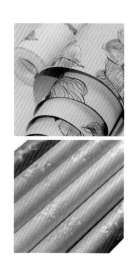

计算纸质墙纸的用量时，应先量出贴墙纸房间的周长和墙纸铺贴的高度。通常墙纸规格为每卷长 10m、宽 0.53m。计算时按每卷墙纸能完整地铺贴几条，再计算每卷墙纸能覆盖多少周长，随后将每卷的覆盖周长除以总周长，就可得出最大需要卷数。

计算门窗所占面积时，按门窗面积的 80% 计算墙纸用量，折合成卷数。将最大需要卷数减去门窗所用卷数，即可得出实际需求量。这种计算方法适用于小花或无花墙纸的铺贴，如果是大花墙纸，就要适当增加卷数了。

04 施工与验收要点

✧ 需要将墙面上的涂料、墙纸等多余的东西去掉，同时如果墙面有坑坑洼洼的地方要及时进行填补，清理好后再进行打磨，让墙面更平整。

✧ 根据墙面大小裁剪墙纸，花墙纸的裁剪应根据墙面高度加裁 10cm 左右，作为上下修边之用，裁剪完成后编号，防止粘贴时顺序出错。

✧ 在墙面上刷一层均匀的基膜，然后进行刮腻子、打磨处理，要确保墙面平整光滑。这个步骤一般要持续两次，每次腻子晾干以后都要用砂纸打磨一遍墙。

✧ 在墙面涂胶水的时候注意宽度要大于墙纸宽度约 30mm，铺贴时注意图案方向要一致，不能有明显的接口。

手绘墙纸

01 材料的性能与特征

　　手绘墙纸是指绘制在各类不同材质上的绘画墙纸，也可以理解为绘制在墙纸、墙布、金银箔等各类软材质上的大幅装饰画。其绘画风格一般可分为工笔、写意、抽象、重彩和水墨等。

❖ 颠覆了只能在墙面上绘画的概念，而且更富装饰性，能让室内空间呈现出焕然一新的视觉效果。

❖ 手感柔和、质感细腻、色泽高雅，有些娟、丝织物因其纤维的反光效应而显得十分优美。

❖ 对污染敏感，因其为纯手工绘制，不同批次的产品可能会有色差。

❖ 日常保养以小心使用为主，特别要小心水渍的影响，由于材料的原因，水渍容易在墙纸表面留下痕迹或者导致墙纸变形。

02　材料分类及选购常识

　　手绘墙纸有多种风格可供选择，如中式手绘墙纸、欧式手绘墙纸和日韩手绘墙纸等。在选择时切记不可喧宾夺主，不宜采用有过多装饰图案、图案面积很大、色彩过于艳丽的墙纸。选择具有创意图案、风格大方的手绘墙纸，更有利于烘托出静谧舒适的氛围。

　　手绘墙纸按材质可分为真丝手绘、金箔手绘、银箔手绘和纯纸手绘等。

品种		特点
真丝手绘		丝绸材质表层有轻微的珍珠光泽，由于是天然真丝织物，因此质感较柔和，而且色泽温润雅致，十分适合室内装饰
金箔手绘		由于纯金打造的金箔手绘墙纸是高端奢华产品，一般需要完全定制，并且造价较高。因此，市场上最常见的是由铜箔或合金产品代替的仿金箔手绘墙纸
银箔手绘		银箔属于银灰色调，因此纯银箔材质的手绘墙纸可以和任何色彩搭配协调。同时，由于银质的闪光度较高，因此能为室内空间营造雅而不俗的格调
纯纸手绘		纯纸手绘墙纸的底材是纯天然纸浆纤维，因此十分绿色环保，而且可绘制的图案十分丰富多样，是目前应用最为广泛的手绘墙纸之一

03　材料应用注意事项

　　目前市场上的手绘墙纸多以中国传统工笔、水墨画技法为主，它由多名具有扎实绘画基本功的手绘工艺美术师，经过选材、染色、上矾、裱装、绘画等数十道工序打造而成。手绘墙纸虽然装饰效果不错，但是价格相对较贵，其价格根据墙纸用料及工艺复杂程度的不同略有差异，一般价格为 300~1200 元 /m²。

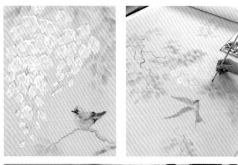

△ 手绘墙纸的精致与逼真程度大多取决于绘画师的水平　　　　△ 通常手绘墙纸装饰的墙面作为空间视觉焦点的主题墙

04 施工与验收要点

✎ 对于破损严重的墙体，应用填料填补裂缝和漏洞，待干燥后，经磨砂处理使墙体表面光洁。新房的墙面只要用腻子粉抹平，然后打磨平整上基膜即可。如果是在刷过乳胶漆的墙面上施工，应先用打磨纸打磨平整后刷上基膜后再施工。

✎ 因为手绘墙纸都是量身定制产品，在铺贴前还要先确定墙面尺寸和手绘墙纸的尺寸是否吻合。一般情况下，手绘墙纸的高度会比实际尺寸多出10cm，宽度会多出10~20cm，这样可以避免墙体不直造成画面不垂直。

✎ 施工过程中可以把手绘墙纸反面放在平整干净的地方，用气压喷壶均匀地喷上水，保持反面的潮湿和平整。或者用海绵软毛巾蘸水擦拭墙纸的背面，待其受潮卷起后，再把混合好的墙纸胶用滚筒均匀地涂在墙面上。

◁› 施工流程

确认墙纸尺寸 ▶ 墙体设置铅垂线 ▶ 墙纸背面少量喷水让画面展平 ▶ 均匀滚刷墙纸胶 ▶ 粘贴潮湿墙纸

将墙纸刷平压整 ▶ 完成施工

金属墙纸

01 材料的性能与特征

　　金属墙纸即在产品基层上涂一层金属，其质感强，可让居室产生一种华丽之感。这类墙纸的价格较高，一般为 200~1500 元/m²。其中金箔墙纸是将金属通过十几道特殊工艺，捶打成薄片，然后手工贴饰于原纸表面，再经过各种印花等加工处理，最终制成金箔墙纸。银箔墙纸的制作工艺与金箔墙纸相同，唯一的差别在于，银金属的使用量较多。

❖ 金属墙纸最大的特点就是具有金属般的光泽，透露出奢华的气息。

❖ 价格昂贵，是按照卷数来计算价格，每卷几十元到上百元不等，价格低廉的金属墙纸的质量得不到保障。

❖ 银色的金属墙纸适用于后现代风格的居室，金色的金属墙纸适用于欧式风格及东南亚风格的居室。

❖ 因具有金属特性，所以，金属墙纸不可用水或湿布擦拭，清洁时可用干海绵轻轻擦拭，或用专用墙纸清洁剂进行清洁。

02 材料分类及选购常识

	选购常识
1	由于金属墙纸是将金、银、铜、锡、铝等金属经特殊处理后，制成薄片贴饰于墙纸表面，因此在购买时要能够鉴别不同种类的金属墙纸
2	仔细观察金属墙纸的表面，查看是否有刮花、漆膜分布不均匀的现象
3	因为金属墙纸的材料本身会产生一定的有毒气体，且在铺贴过程中需要使用大量胶水，加剧了有毒物质的散发，所以在选购时要注意闻一下气味是否刺鼻

03 材料应用注意事项

若大面积使用金属墙纸，会有俗气之感，适当点缀可以带给人一种简约中体现奢华的感觉，通常用于高档酒店、办公室等一些高级场所。

相较于其他类墙纸，金属墙纸更多地应用于吊顶设计中，一般出现在欧式风格装饰空间。在设计好的石膏板吊顶的内部粘贴金箔墙纸，可以是平面粘贴，也可以随着凹凸造型，完全将吊顶展露出来，展现出空间的高贵奢华感。

△ 局部使用金箔墙纸才能起到更好的点缀作用

04 施工与验收要点

✧ 金箔墙纸一般较薄，表面光滑容易反光，导致底层的凹凸不平、细小颗粒都会一览无余，故此种纸对墙面要求较高，光滑平整的墙面是基本条件。

✧ 因墙纸胶内含有水分，溢胶后再擦除，同样会造成墙纸表面氧化。故应使用机器上胶，并正确使用保护带。此外，也可以考虑采用墙面上胶的方法进行施工。

✧ 金属类墙纸表面的一层金箔或锡箔会导电，因此特别要小心避开电源、开关等带电线路。

✧ 铺贴时尽量使用搭接裁缝，裁缝时应保持刀片锋利（最好使用进口刀片），及时更换刀片。施工后 48 小时内不要开门开窗通风。

墙布

01 材料的性能与特征

　　墙布也叫纺织墙纸，主要以丝、羊毛、棉、麻等纤维织成，由于花纹都是平织上去的，给人一种立体的真实感，摸上去也很有质感。墙布可满足多样性的审美要求与时尚需求，因此被称为墙上的时装，具有艺术与工艺附加值。

◇ 墙布的正面是纯布，无论原料还是辅料，都采用纯天然淀粉提炼的黏合剂，符合国家室内装饰检测标准，当天施工当天就可以入住。

◇ 墙布具有扯不断、撕不烂等特点，具有很强的抗拉性。对于墙面因腻子造成的裂缝等问题起到了遮盖、保护、凝聚的作用。

◇ 墙布分为提花、刺绣、印花等多种工艺，花型种类繁多，能够满足多样化装饰风格需求。

◇ 墙布多经过三防（防水、防油、防污）处理，使打理更加便捷，若被污染用洗洁精、湿毛巾擦洗即可。

◇ 墙布采用精致特殊的型材，表面纹理凹凸，背面采用高级材料涂层处理，这种特殊结构起到了吸音、消音、隔音的效果。

02 材料分类及选购常识

　　墙布按基底材料可分为布面纸底、布面胶底、布面浆底和布面针刺棉底四类。墙布表面材料丰富多样，或丝绸，或化纤，或纯棉，或布革，有单一材料编织而成的，也有几种材料复合编制而成的，一般可分为纱线墙布、织布类墙布、植绒墙布和功能类墙布等。

品种		特点
纱线墙布		丝绸材质表层有轻微的珍珠光泽，由于是天然真丝织物，因此质感较柔和，而且色泽温润雅致，十分适用于室内装饰
织布类墙布		织布类墙布可分为平织墙布、提花墙布、无纺墙布和刺绣墙布等类型。其种类繁多，装饰效果丰富多样，可满足不同室内风格的装饰需求
植绒墙布		植绒墙布是将短纤维黏结在布面上，具有质感良好的丝质感以及绒布效果。植绒墙布不会因为颜色的亮丽而产生反光，而且布面上的短纤维可以起到极佳的吸音效果
功能类墙布		功能类墙布由于采用了纳米技术并对纳米材料进行处理，因此具有阻燃、隔热、保温、吸音、抗菌、防水、防污、防尘、防静电等功能

选购常识	
1	在购买墙布时，首先应观察其表面的颜色以及图案是否存在色差、模糊等现象。墙布图案的清晰越度高，说明墙布的质量越好
2	看墙布正反两面的织数和细腻度，一般来说，表面布纹的密度越高，则说明墙布的质量越好
3	墙布的质量主要与其工艺和韧性有关，因此在选购时，可以用手触摸去判断墙布的手感和韧性，特别是植绒类墙布，通常手感越柔软舒适，说明墙布的质量好，并且柔韧性强
4	墙布的耐磨耐脏性也是选购时不容忽视的一点。在购买时可以用铅笔在墙布上画几下，然后再用橡皮擦擦拭，品质较好的墙布，即使表面有凹凸纹理，也很容易擦干净；如果是劣质的墙布，则很容易被擦破或者擦不干净

03 材料应用注意事项

传统墙布又称定宽墙布（独幅墙布），宽幅 1.2m，无缝墙布又称定高墙布，高度 2.7~3m。

不同质地、花纹、颜色的墙布在不同的房间，与不同的家具搭配，都能带来不一样的装饰效果。在为室内墙面搭配墙布时，既可选择一种样式进行铺装以体现统一的装饰风格，也可以根据不同功能区的特点以及使用需求选择相应款式的墙布，以达到最为贴切的装饰效果。由于墙布种类的不同，价格浮动较大，一般为 50~500 元 /m²。

△ 因为墙布表层材质为丝、布等，所以具有更加细致精巧的质感

墙布和墙纸通常由基层和面层组成，墙纸的基底是纸基，面层有纸面和胶面；墙布则是以纱布为基底，面层由 PVC 压花制成。由于墙布由聚酯纤维合并交织而成，所以具备很好的固色能力，能长久保持装饰效果。

🔊 施工流程

品种		特点
提花工艺		纺织物是由经线、纬线交错组成的凹凸花纹。提花的工艺源于原始腰机挑花，从商代出土的织物中就已经发现提花花纹
印花工艺		将染料或涂料在织物上印制图案，织物印花主要分直接印花、拔染印花和防染印花
绣花工艺		用针将丝线或其他纤维、纱线以一定图案和色彩在绣料上穿刺，以缝迹构成花纹的装饰织物

04 施工与验收要点

✧ 墙面要干透平整、光滑、干净，建议最好涂一层基膜。

✧ 贴墙布前，必须清理好现场，因为墙布的面积大，为避免弄脏，切割墙布的刀最好用进口美工刀，墙布刀越锋利，操作起来越顺手。碰到丝头千万不要用手拉，要用刀来切。

✧ 墙布比较厚重，它对胶水的黏度值、持久度要求更高，因此在进行墙布施工时，针对墙布特点研发的墙布胶，黏度值更高，更易于施工。

✧ 量出墙面阴角到另一个阴角的周长，留出一点余地，把墙布裁好，把搅拌好的胶水涂刷在墙面上，从中间部位到各角落要涂刷均匀，千万不要把胶水涂刷在墙布上。

✧ 涂刷完毕后，将墙布展开再用刮板将其刮贴在墙上，顺序是由里至边，将墙布上下贴齐后再按顺序继续进行铺贴。如阴角不直，可在阴角处进行搭接剪裁。

✧ 贴完后用湿毛巾擦掉多余的胶浆再重新仔细检查看是否有气泡，如有气泡，可用针头放气或用针头注入胶水刮平，最后用墙布刀切齐左右两边。

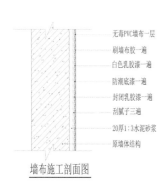

无毒PVC墙布一层
刷墙布胶一遍
白色乳胶漆一遍
防潮底漆一遍
封闭乳胶漆一遍
刮腻子三遍
20厚1:3水泥砂浆
原墙体结构

墙布施工剖面图

△ 墙布的质量与其表面布纹的密度成正比

墙布的铺贴形式可分冷胶铺贴和热胶铺贴。冷胶铺贴是使用普通墙纸胶或者环保糯米胶按照比例稀释调兑后涂刷到墙壁上，待水分蒸发后形成黏性，再进行铺贴。热胶铺贴是墙布背面自带背胶，施工时无须上胶，背胶在常温下是固体状态，因此需要使用高温熨烫将其融化，再用专业熨斗进行操作。

分类	冷胶铺贴	热胶铺贴
优点	技术较成熟，而且可以自行选择胶水	施工时不发生溢胶和渗透现象，不污染墙布表面和室内其他物体，墙布不起皱，边角平直，透气性良好
缺点	需携带胶水、配料筒等设备，因此单人操作较为困难	施工过程复杂，并且需要机器加温加压，因此对施工工艺要求较高

乳胶漆

01 材料的性能与特征

　　乳胶漆是以合成树脂乳液为基料，通过研磨并加入各种助剂精制而成的涂料，也叫乳胶涂料。乳胶漆有传统墙面涂料所不具备的优点，如易于涂刷、覆遮性高、干燥迅速、漆膜耐水、易清洗等。由于乳胶漆具有品种多样、适用面广、对环境污染小以及装饰效果好等特点，因此是目前室内装修中，应用最为广泛的墙面装饰材料之一。

◇　乳胶漆色彩丰富，可以根据自身喜好调整颜色，打造出各种家居风格。

◇　乳胶漆应用广泛，可用于建筑外墙及室内空间中墙面、顶面的装饰。

◇　乳胶漆具有无污染、无毒、无火灾隐患，易于涂刷、干燥迅速，漆膜耐水、耐擦洗性好、色彩柔和等优点。

◇　干燥速度快，在 25℃时，30min 内表面即可干燥，120min 左右就可以完全干燥。

◇　乳胶漆涂刷的墙面若有脏污，用湿布或海绵蘸清水，以打圆圈的方式轻轻擦拭即可轻松去污。

02 材料分类及选购常识

乳胶漆根据适用环境的不同，可分为内墙乳胶漆和外墙乳胶漆；根据装饰的光泽效果不同，分为无光、亚光、丝光和亮光等类型；根据产品特性的不同，分为水溶性内墙乳胶漆、水溶性涂料、通用型乳胶漆、抗污乳胶漆、抗菌乳胶漆、叔碳漆、无码漆等。具体可以根据房间的不同功能选择相应特点的乳胶漆。如挑高区域及不利于翻新区域，建议用耐黄病的优质乳胶漆产品；卫浴间、地下室最好选择耐真菌性较好的乳胶漆；而厨房、浴室可以选用防水涂料。除此以外，具有一定弹性的乳胶漆，有利于覆盖裂纹、保护墙面的装饰效果。

△ 丝光漆

△ 亚光漆

选购常识	
1	先看乳胶漆有无沉降、结块等现象。品质好的乳胶漆放置一段时间后，其表面会形成厚厚的、有弹性的氧化膜，而且不易裂；次品只会形成一层很薄的膜，不仅易碎，而且会有辛辣的气味
2	用鼻子闻乳胶漆有无刺激性气味，真正环保的乳胶漆应该是水性、无毒、无味的
3	在开桶之后可以搅拌一下看看乳胶漆是不是均匀，有没有沉淀或者硬块。或者要求店家在样板墙上试刷，好的乳胶漆抹上去细腻、顺滑，而且遮盖力强；而质量不达标的乳胶漆不仅会有颗粒感，而且黏稠度也较差
4	可将少许涂料刷到水泥墙上，涂层干后用湿抹布擦洗。好的乳胶漆擦一二百次都不会对涂层有明显的影响；而低档的水溶性涂料只擦十几次就会产生掉粉、褪色现象
5	有的厂商为了吸引顾客，在产品的包装上大做文章，故意夸大产品的性能和功效。因此在购买乳胶漆时除了要看产品的包装，还需要注意桶上标注的生产时间，因为乳胶漆也有保质期

03 材料应用注意事项

很多人以为色卡上乳胶漆的颜色和刷上墙后的颜色完全一致，其实这是一个误区。由于光线反射以及漫反射等原因，房间四面墙都涂上漆后，墙面颜色看起来比色卡上略深。因此在色卡上选色时，建议挑选浅一号的颜色，这样才能达到预期的效果。如果喜欢深色墙面，可以与所选色卡颜色保持一致。

△ 乳胶漆不宜选颜色太深或者太艳的，否则需要涂刷好几遍才能有比较均匀的效果

△ 卫浴间墙面应选择防水乳胶漆

△ 购买乳胶漆时应多计算机一些量，以免不够用，因为再次调色可能会出现色差

04 施工与验收要点

❖ 刷漆前首先要对墙面进行打底的基础处理。如果墙面有凹凸的地方，要将其抹平；如果墙面上有污渍、灰层积压，应第一时间清理干净；如果墙上有一些早期留下的钉眼儿，可以用腻子抹平。清洁完毕，需等墙面干燥后再进行施工。

❖ 其次按照一定的比例用清水兑乳胶漆，混合比例为 20%~30% 左右；如果水太多，乳胶漆的黏稠性就不好，无法成膜。用木棍将水和乳胶漆搅拌均匀之后，放置 20 分钟左右；这个做法是为了消除水中的气泡，如果不等消泡就刷墙，墙面上会出现小气泡。乳胶漆备好之后，可先将施工工具湿润一下。尤其是毛刷，让其羊毛保持合适软度。滚筒也可以先湿润一下，这样比较好蘸漆。

❖ 如果是自己刷乳胶漆，推荐采用一底两面的刷漆方式。先刷底漆，让其起到一个改善墙面表层属性以增强墙面吸附力的作用，之后再上漆，效果会更好。在施工时，如果觉得墙面不够细腻，仍然有一些小颗粒，可以用 600 号的水砂轻微地清理一下墙面。

❖ 刷完第一遍乳胶漆之后，隔 2~4 小时再刷一次，之后也是这样循环。如果不看时间的话，可以用手指压一下，等到没有黏稠感，就可以再次上漆了。

🔊 施工流程

基层处理 → 满刮腻子两遍 → 底层涂料

中层涂料两遍 → 乳胶漆面层喷涂 → 清扫

硅藻泥

01 材料的性能与特征

　　硅藻泥是一种以硅藻土为主要原材料的内墙装饰涂料，其主要成分为蛋白石。蛋白石质地轻柔、多孔，本身纯天然，没有任何污染及添加剂。硅藻泥具有极强的物理吸附性和离子交换功能，不仅能吸附空气中的有害气体，而且能调节空气的湿度，因此被称为会呼吸的环保型材料。不仅如此，硅藻泥还具有很好的装饰性能，是替代墙纸和乳胶漆的新一代室内装饰材料。但是不建议使用塑造凹凸纹理较大的装饰花纹，否则会出现积灰的现象。

❖ 硅藻泥不含任何有害添加剂，是纯绿色环保产品，并且具有净化空气的功能。

❖ 硅藻泥的色彩比较柔和，墙面反射光线自然，使人在强光反射的情况下也不会产生视觉疲劳，能够有效地保护居住者的视力，尤其对儿童视力的保护效果显著。

❖ 硅藻泥墙面颜色持久，不容易褪色，不管使用多久，墙面能够保持长期如新，延长了墙面的使用寿命，还节约了居室成本。

❖ 一年四季，不管空气温度如何变化，硅藻泥都能够自动调节室内空间的湿度，能够吸收和释放水分，让室内温度达到平衡。

❖ 硅藻泥是纳米蜂窝状结构，吸附性比活性炭高，一旦用水擦拭，就起不到清洁的作用。所以若硅藻泥墙面弄脏，不能用水擦洗。

分类	特点	吸湿量	价格（元/m²）
稻草泥	颗粒较大，添加了稻草，具有较强的自然气息	吸湿量较高，可达到 81g/m²	约330
防水泥	中等颗粒，可搭配防水剂使用，可用于室外墙面装饰	吸湿量较高，可达到 75g/m²	约270
膏状泥	颗粒较小，用于墙面装饰中不明显	吸湿量较低，可达到 72g/m²	约270
原色泥	颗粒最大，具有原始风貌	吸湿量较高，可达到 81g/m²	约300
金粉泥	颗粒较大，其中添加了金粉，效果比较奢华	吸湿量较高，可达到 81g/m²	约530

	选购常识
1	购买时要求商家提供硅藻泥样板，以现场进行吸水率测试，若吸水又快又多，则产品孔质完好；若吸水率低，则表示孔隙堵塞，或硅藻土含量偏低
2	用水轻触硅藻泥，如有粉末黏附，表示产品表面强度不够，日后使用会出现磨损情况
3	购买时请商家以样品点火示范，若冒出气味呛鼻的白烟，则可能是把合成树脂作为硅藻土的固化剂，遇火灾时，容易产生毒性气体

03 材料应用注意事项

硅藻泥分为液状涂料和浆状涂料两种。液状涂料与一般的水性漆相同，可自行处理。硅藻泥施工后需要一天的时间才会干燥，因此有充分的时间来做不同的造型。具体的造型可向商家咨询，并购置相应的工具，用刮板和铲刀就能做出很多造型。浆状涂料有黏性，适合做不同的造型，但是施工的难度较大，需要专业人员来进行。

△ 自然环保的硅藻泥与带有天然节疤的原木装饰墙面，让空间回归自然简洁

硅藻泥按照涂层表面的装饰效果和工艺可以分为质感型、肌理型、艺术型和印花型等。质感型通过添加一定级配的粗骨料，抹平形成较为粗糙的质感表面；肌理型是用特殊的工具制作成一定的肌理图案，如布纹、祥云等；艺术型是用细质硅藻泥找平基底，制作出图案、文字、花草等模板，在基底上再用不同颜色的细质硅藻泥做出图案；印花型是指在做好基底的基础上，采用丝网印做出各种图案和花色。

硅藻泥施工纹样通常有如意、祥云、水波、拟丝、土伦、布艺、弹涂、陶艺等。

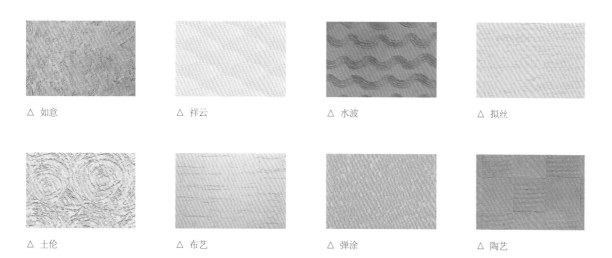

△ 如意　　　　　△ 祥云　　　　　△ 水波　　　　　△ 拟丝

△ 土伦　　　　　△ 布艺　　　　　△ 弹涂　　　　　△ 陶艺

04 施工与验收要点

❖ 硅藻泥需要现场批嵌打磨好之后方可施工，施工前应先将墙面的灰尘、浆粒清理干净，用石膏将墙面磕碰处及坑洼缝隙等填平。对于硅钙板墙面，要先将硅钙板的接缝处进行嵌缝处理。

❖ 在施工时，要先把硅藻泥的干粉加水进行搅拌，再先后两次在墙面上进行涂抹，加水搅拌后的硅藻泥最好当天使用完毕。

❖ 待涂抹完成后，再用抹刀收光，最后用工具制作肌理图案。

❖ 图案的制作时间一般较长，而且部分图案在完成后需再次收光，以确保图案纹路的质感。

一般硅藻泥施工价格约为 100~600 元 /m²，与其他内墙涂料施工工艺比，硅藻泥施工有很大区别，至少拥有 1~2 年硅藻泥施工经验的师傅才能独立完成硅藻泥施工。图案越复杂，花色越多，施工的程序就越多，价格就越高。

艺术涂料

01 材料的性能与特征

　　艺术涂料是一种新型的墙面装饰艺术漆，是以各种高品质的具有艺术表现功能的涂料为材料，结合一些特殊工具和施工工艺，制造出各种纹理图案的装饰材料。艺术涂料与传统涂料之间最大的区别在于艺术涂料质感肌理表现力更强，可直接涂在墙面上，呈现粗糙或细腻立体的艺术效果。

❖ 艺术涂料无毒、环保，同时还具备防水、防尘、阻燃等功能。

❖ 艺术涂料对施工人员的作业水平要求严格，需要较高的技术含量。

❖ 艺术涂料的种类较多，但其特有的艺术性效果，最适合时尚现代的家居风格。

❖ 艺术涂料图案精美，色彩丰富，有层次感和立体感，可任意调配色彩，图案可自行设计，选择多样，装饰效果好。

❖ 艺术涂料在光线下会产生不同的折光效果。

02 材料分类及选购常识

艺术涂料根据风格不同可分为真石漆、板岩漆、墙纸漆、浮雕漆、幻影漆、肌理漆、金属漆、裂纹漆、马来漆、砂岩漆等。

品种		特点
真石漆		一种装饰效果酷似大理石、花岗岩的涂料；主要采用各种颜色的天然石粉配制而成
板岩漆		色彩鲜明，具有板岩石的质感，可创作出艺术造型，通过艺术施工的方法，能呈现各类自然岩石的装饰效果
墙纸漆		也称为液体墙纸、幻图漆或印花涂料，是一种新型内墙装饰水性涂料
浮雕漆		一种立体质感逼真的彩色墙面涂装艺术质感涂料，装饰后的墙面呈现出浮雕般的观感效果，所以称为浮雕漆
幻影漆		通过专业涂刷和特殊工艺，可制造各种纹理效果的特种水性涂料
肌理漆		可以做出肌理效果，使用肌理漆装饰的墙面拥有肌肤般的触感
金属漆		具有金箔闪闪发光的效果，给人一种金碧辉煌的感觉，适用于各种内外场合的装修
裂纹漆		由硝化棉、颜料、有机溶剂、裂纹漆辅助剂等研磨调制而成，色彩丰富
马来漆		是一类由凹凸棒土、丙烯酸乳液等混合的浆状涂料，用各类批刮工具在墙面上进行批刮操作，可制造各种纹理
砂岩漆		由以天然骨材、石英砂为骨料与耐候性佳的粘结剂，由各种助剂、溶剂组成的中间层，以及抗碱封底漆和罩面漆组成

	选购常识
1	看水溶。艺术涂料在经过一段时间的储存后，其中的花纹粒子会下沉，上面会有一层保护胶水溶液。这层保护胶水溶液，一般占艺术质感涂料总量的1/4左右。质量好的艺术涂料，保护胶水溶液呈无色或微黄色，且较清晰；而质量差的艺术涂料，保护胶水溶液呈混浊态，明显地呈现与花纹彩粒同样的颜色，其主要问题不是涂料的稳定性差，就是储存已过期，不宜再使用
2	看漂浮物。质量好的艺术涂料，在保护胶水溶液的表面，通常没有漂浮物，有极少的彩粒漂浮物；但若漂浮物数量多，彩粒布满保护胶水涂液的表面，甚至有一定厚度，就不正常了，这表明这种艺术涂料的质量差
3	看粒子度。取一透明的玻璃杯，盛入半杯清水，然后，取少许多彩涂料，放入玻璃杯的水中搅动。质量好的艺术涂料，搅拌后，杯中的水清晰见底，粒子在清水中相对独立，大小很均匀；而质量差的艺术涂料，杯中的水会立即变得混浊，且颗粒大小不均匀，少部分大粒子犹如面疙瘩，大部分则是绒毛状的细小粒子
4	看销售价格。质量好的质感涂料，均由正规生产厂家按配方生产，价格适中；而质量差的质感涂料，有的在生产中偷工减料，有的甚至是个人仿冒生产，成本低，销售价格比质量好的质感涂料便宜很多

03 材料应用注意事项

艺术涂料可通过不同的施工工艺和技巧，呈现出更为丰富和独特的装饰效果。不仅克服了乳胶漆无层次感的弊端及墙纸易变色、翘边、起泡、有接缝、寿命短的缺点，又有乳胶漆易施工、寿命长、图案精美、装饰效果好等优点。

因为艺术涂料不仅具有传统涂料的保护和装饰作用，而且耐候性和美观性更加优越，所以与传统涂料相比，其价格相对较高。目前市场上有质量保证的品牌艺术漆价格一般在 100~900 元 /m²。

△ 卫浴间的真石漆墙面富有立体感

04 施工与验收要点

艺术涂料上漆基本上分为两种：加色和减色。加色即上了一种色之后再上另外一种或几种颜色；减色即上了漆之后，用工具把漆有意识地去掉一部分，呈现自己想要的效果。

艺术涂料的小样和大面积施工呈现出来的效果会有区别，建议在大面积施工前，先在现场做出一定面积的样板，再决定整体施工。注意转角处的图案衔接和处理也是效果统一的关键。

艺术涂料的种类繁多，若涂料性质不同，施工技术也不同。以液体墙纸为例，施工工序如下。

墙面刮平 → 刷底漆 → 搅拌 → 加料 → 刮涂 → 收料 → 对花 → 补花

01 材料的性能与特征

　　墙面彩绘是指通过绘制、雕塑或其他造型手段在天然或人工墙面上绘制的画，又称为墙画或墙体彩绘。墙面彩绘是近几年来室内墙面设计的潮流，不仅能体现出室内装饰的魅力，也彰显出空间的个性与品位。与墙纸相比，墙面彩绘比较随性、富有变化，经过涂鸦和创作可以令原本的墙面更具个性化的美感。

❖ 墙面绘画比较随性、富有变化，经过涂鸦和创作可以令原本白色的墙面内容丰富，具有个性化美感。

❖ 在绘画风格上不受任何限制，不但具有很好的装饰效果，可定制的画面也能体现居住者的时尚品位。

❖ 相较于普通墙纸，墙面彩绘的价格更低，性价比更高，并且适合大面积使用。

❖ 简单的墙面彩绘一般能达到和手稿、图片一模一样或优于手稿的效果；某些复杂的图案一般也能达到 95% 以上的准确度。

❖ 如果用丙烯颜料，干燥后会形成一层防水膜，因此会反光，在光线较强的情况下会显得刺眼、不柔和。

02 材料分类及选购常识

目前常见的墙绘材料有水粉、丙烯、油画颜料。从这三种颜料的性能来看，丙烯颜料最好，最适合用作墙体绘画颜料，而且无毒、无味、无辐射，十分环保。此外，丙烯颜料还不易变色，能让绘画效果保持长久不变。而且干燥后，其表面会形成一层胶膜，看起来和塑料差不多，因此具有一定的防水防潮特性。

品种		特点
普通墙绘		普通墙绘适用于室内装饰以及作为墙体的装饰点缀，如过道墙面、客厅背景墙、卧室床头背景墙等，由于绘制使用的涂料无毒无害，因此也可以选择在入住后进行绘制
隐形墙绘		隐形墙绘即在开灯后，其美轮美奂的图案便会立即浮现在墙面上，而关灯后画面消失。由于隐形墙绘采用了新型的特殊涂料，因此在个性图案设计的基础上，为室内空间增添了一份神秘的装饰效果，是追求创意以及张扬个性的业主的极佳选择

03 材料应用注意事项

一般对生活有追求且喜欢个性的年轻人，会选用墙面彩绘来装饰墙面。每一笔、每一个色彩都可以随性而为，可以是抽象的元素，也可以是具象的造型，全凭个人喜好来决定。由于墙面彩绘能够带来生动活泼的装饰效果，因此非常适合用于儿童房的墙面设计中，能完美地营造儿童房童真童趣的空间氛围。

墙面彩绘干燥以后可以防水、防汗，除去极其潮湿的环境，彩绘后的墙面一般可在 10 年内保存完整。一般室内墙面彩绘无须太多保护，注意避免灰尘、水分、人为破坏、油烟或故意刮擦即可。

△ 墙绘应根据房屋的整体风格和居住者的自身喜好综合考虑，再进行创作和绘制

墙面彩绘的题材很多，常见的有花鸟树木或卡通人物造型，只需淡彩上色，这些比较简单，画师通常一两天就可以完成。也有要求比较高的，比如工笔国画可以创造唯美婉约的意境，但是绘制的时间相对长一些。

04 施工与验收要点

　　一般绘制墙面彩绘的画师会在绘画前和居住者进行交流，并到现场勘察，针对居住者的要求，对居室的整体风格、色调、家具的摆放、室内陈设等进行考察，综合各方条件来选择适合每面墙壁的尺寸、图案、颜色造型，以保证墙面彩绘的独特性。

✎ 绘制墙面彩绘前需要先将墙面底色层做好，就是一般的乳胶漆墙面，底色可以根据选好的图案来定，但最好保证墙面的平滑，不要有凹凸不平的小颗粒。

✎ 用铅笔在墙面上画出底稿，没有美术功底的人必须画底稿，这样能降低失误的概率。还有一种方法是直接采用幻灯片，将图案投影在墙上，再加上颜色。

✎ 画完底稿就要配料和上色，配料可根据设计图上的预期色彩来调配，如果没有把握，可先在纸上进行对比、配色，觉得可以再上色，一般先上浅色再上重色。

✎ 上色时为避免弄脏附近地面，可先在墙壁下方铺盖抹布或者报纸等。待绘画完毕后，要进行成品保护，注意房间通风，让墙面自然干即可。

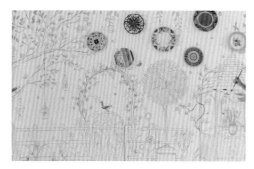

△ 用铅笔在墙面上画出底稿后再上色是比较稳妥的方式

△ 利用墙绘消除白墙的单调感

△ 利用墙绘装饰门后的死角空间

🔊 **施工流程**

墙面处理 ▸ 绘画底稿 ▸ 配料上色 ▸ 成品保护

2
PART
第 二 章

门窗五金

DECORATION DESIGN BOOK

实木门

01 材料的性能与特征

实木门的外在材质和内在材质完全统一，泛指所有具有此特点的各种类型的木门，包括实木制作的半截玻璃门和玻璃门等。实木门的内芯取材自然，采用天然的原木，在干燥后，经过一系列科学工序制成。实木门不易变形、不易腐蚀、稳定性好，同时吸音性能良好，能有效地隔绝噪声。价格由它所使用的原木价格决定，所使用的原木珍贵，纹路优美，价格自然就比较高。

◈　实木门的整体完全用实木加工而成，木纹纹理清晰，具有很强的整体感和立体感。

◈　实木门多选用名贵木材，如樱桃木、桃花蕊、胡桃木、橡胶木、金丝柚木、橡木等。

◈　实木门可以造出一些板木门不能实现的造型，如雕花等工艺。

◈　实木门不会过多地使用一些黏合剂，因此在健康环保性能上更有优势。

△ 实木门的密度高、门板厚重量沉，具有良好的吸音性，能有效地起到隔声的作用

△ 实木门的木纹纹理清晰，有很强的整体感和立体感

02 材料选购常识

选购常识	
1	首先需要看它的含水率。通常，实木门的含水率在 12% 以下，有些实木门的脱水处理出色，含水率可达 8%。含水率较低的实木门不容易出现变形与开裂，拥有更长的使用寿命
2	其次可以闻它的气味。通常，实木门会散发出淡淡的木香。此外还需要闻一下木门的接缝处是否有刺激性气味，以判断木门的环保性能
3	因为实木门采用同一种木材或者一整块木材加工而成，因此通常比其他材质的木门更重。在选购实木门时，可根据其重量判断质量，通常重量较轻的实木门内部填充物不是实木或者填充分量不够
4	实木门如果表面的花纹非常不规则，门表面的花纹光滑、整齐、漂亮，往往不是真正的实木门

03 材料应用注意事项

实木门的原料是天然树种，因此色彩和种类很多，在选择颜色时，宜与居室相和谐。当室内的主色调为浅色系时，可挑选白橡、桦木、混油等冷色系木门；当室内主色调为深色系时，可选择柚木、沙比利、胡桃木等暖色系木门。木门的色彩应与家具、地面的色调要相近，与墙面的色彩产生反差有利于营造出空间层次感。

在使用实木门时，应尽量保持室内空气相对湿度在 60%~75%，春冬季要注意室内通风良好，保持室内湿度，使木门处于正常的室温、湿度下，以防止产品因温湿差过大而变形，金属配件出现蚀锈，封边、饰面材料脱落。在冬季使用电暖气或其他取暖设备时，要远离实木门，以免使其受热变形或表面损伤。

04 施工与验收要点

❖ 安装实木门前，门洞必须经过必要的防潮、防腐处理；安装前，实木门必须先水平安置在地上，且叠放高度不应超过 1m，切勿斜靠，以防变形。

❖ 保持实木门的干燥，防止实木门受潮；尽量避免户外阳光长时间照射，防止实木门受热和不正常撞击或接触腐蚀性物质。

❖ 实木门安装完毕之后，不要在门扇上悬挂过重的物品，要避免尖锐的物品磕碰、划伤；开启或关闭实木门时，不要用力过猛或开启角度过大，以免造成损坏。

❖ 实木门的棱角处不要过多地摩擦，否则会造成棱角油漆脱落。

实木复合门

01 材料的性能与特征

实木复合门的门芯多以松木、杉木或进口填充材料等黏合而成，外贴密度板和实木木皮，经高温热压后制成，并用实木线条封边。一般高级的实木复合门，其门芯多为优质白松木，表面则为实木单板。由于白松木密度小、重量轻，且较容易控制含水率，因而成品门的重量都较轻，也不易变形和开裂。另外，实木复合门还具有保温、耐冲击、阻燃等特性，而且隔音效果同实木门基本相同。

✧ 实木复合门的造型多样，款式丰富，有精致的欧式雕花，有中式古典的各色拼花，也有时尚现代的款式。

✧ 实木复合门的颜色可根据自家的家具、地板以及各种装饰材料自然巧妙地搭配，形成整体设计风格。

✧ 实木复合门很好地解决了实木门存在的变形、开裂等稳定性问题。

✧ 实木复合门采用的门套均为工厂化加工制作，安装简便快捷，直接免除现场的喷漆及噪声污染。

02 材料分类及选购常识

实木复合门从内部结构上可分为实木结构和平板结构两大类。

分类	特点
实木结构	实木结构的复合门线条立体感强、造型突出、厚重而彰显文化品质，属于传统生产工艺，做工精良，结构稳定，但造价偏高，适合欧式、新古典、新中式、美式乡村、地中海等多种经过时间沉淀后的经典家居风格
平板结构	平板结构的复合门外形简洁、现代感强、材质选择范围广、色彩丰富、可塑性强，易清洁，价格适宜，但视觉冲击力偏弱。适用于现代简约、前卫等自由、现代的风格空间，可为空间增加活力。平板结构的复合门也可以通过镂铣塑造多变的古典式样，但线条的立体感较差，缺乏厚重感，造价相对适中

选购常识		
1	先用手敲击、掂量，门内的填充物一般分为实心和部分实心。实心的填充物重，价格相对较高；而部分实心填充物相对较轻，价格相对便宜	
2	密封条直接关系到门的致密性，质量好的实木复合门都会使用密封条，这样就解决了关门后总有一道缝的问题	
3	有些实木复合门会用密度板做门套，由于密度板不含木纤维，遇水容易发泡，会导致门框变形，所以在购买的时候最好问清楚商家门套与门扇是否为一种材料	

03 材料应用注意事项

优质实木复合门的内部短木条采用指接工艺，木条、龙骨框架、边框和门套都用同一种木材，如杉木、松木等，表面覆盖更高级的实木木皮，如花梨木。加压胶合并进行表面处理后，整体效果和实木门几乎无差别。

实木复合门的门芯内部留有伸缩缝，很好地解决了受力不均导致的开裂问题，所以性能比纯实木门稳定。还有的实木复合门高度超过 2200mm，会在内部加装钢管来提高强度，以防止变形。

04 施工与验收要点

✎ 安装前，在收到实木复合门的时候，让送货的工作人员将门平放在铺有纸板或防尘布的地板上，水平叠放不宜过高，避免倾斜而滑落。

✎ 实木复合门不宜放置在太阳直射的地方，如果不能及时安装的话，长时间强烈的太阳直射会引发变色的问题，促进门体化学物质的排放。

✎ 安装门边线一定要等发泡胶固化后，再涂到套子的凹槽内，发泡胶固化一般需要 2~3 小时。最后轻轻敲紧门边线，将门套板进行固定。

✎ 如果在安装的过程中不小心弄脏了实木复合门，一定要用柔软的棉布配合专业的木质家具清洁剂进行擦拭，不可使用具有酸碱性的清洁剂。

模压门

01 材料的性能与特征

　　模压门是采用模压门面板制作的带有凹凸造型的木质室内门，采用的是木材纤维，经高温高压一次模压成型。模压门上的图案并不是雕刻而成的，同样是模压制作的。一般的模压木门在交货时都带中性的白色底漆，回家后可以在白色中性底漆上根据个人喜好再上色，以满足个性化的需求。

◇　模压门的芯材是密度板，就是用边角木料或其他植物纤维磨成粉末，加胶热压成型的板材。

◇　模压门是机械制造的，所以成本相对较低。这是许多家庭选择模压门的主要原因之一。

◇　模压门防火性能差，门板会因高温发生变色，因此在使用过程中要远离火源，还应尽量避免太阳直射。

◇　由于吸塑性强，所以模压板四周无须封边，解决了封边长可能会开胶的问题。

◇　模压门更适合做衣柜、橱柜门，如果用作房间门，由于使用频繁，可能只有三至五年的寿命。

◇　模压门门板的中间是空心的，相对于实木门来说，模压木门的隔声效果较差。

02 材料分类及选购常识

分类	特点
实木贴皮模压门板	指表面贴饰天然木皮如水曲柳、黑胡桃、花梨和沙比利等珍贵自然实木皮的模压门板，这类模压门是主流，已经受到越来越多的木门厂家的青睐
三聚氰胺模压门板	指表面贴饰三聚氰胺纸的模压门板，它的特点是造价相对便宜，适用于低品质装修工程，目前已经有淡出市场的趋势
塑钢模压门	指采用钢板为基材，压成各种花型后，再吸塑做成的PVC钢木门板。这类门板适合做室外门，深受一部分业主的青睐

选购常识	
1	看板材的质量。由于模压板的热胀冷缩问题，所以板材的质量越大，那么它变形度就越小，所以在板材的选择上一定要注意
2	观察表面。好的机器加工出来的模压门边角应该是均匀的，无多余的角料，也没有空隙
3	看基材边缘有没有爆口。如果有爆口的现象，时间长了，潮气进入门板内，膜皮很容易卷边
4	胶水一定要环保。不好的胶水容易造成模压门的膜皮起泡、脱落、卷边。在选择模压门时可以用手指甲用力抠一下PVC膜与板材粘压的部分，做工好的模压门不会出现稍微一用力就抠下来的现象

03 材料应用注意事项

现在模压门市场上有高低两种价位，高价位门采用进口模压门板，低价位门采用国产门板，进口模压板的门板强度、表面仿橡木纹理的精度远高于国产模压板。模压门不需要一根钉子，粘接压合所采用的胶水是决定一扇门质量好坏的重中之重。模压门板具有一定的局限性，在高度、宽度和样式的选择上相对不太丰富。

04 施工与验收要点

❖ 模压门板与木方和填充物不得脱胶，横楞和上、下冒头应各钻两个或两个以上的透气孔，透气孔应通畅。门窗的品种、类型、规格、开启方向、安装位置及连接方式应符合设计要求。

❖ 门扇必须安装牢固，并应开关灵活，关闭严密，无倒翘，不形成自开门。

❖ 门扇安装的留缝限值需注意框与扇，扇与扇接缝高低差小于等于2mm，门扇与上框间留1~2mm的缝隙，门窗扇与侧框间要留缝：内门5~8mm；卫生间门8~12mm。

推拉门

01 材料的性能与特征

推拉门不仅极大地方便了居室空间的分割和利用，而且其合理的推拉式设计，也满足了现代生活所讲究的紧凑秩序和节奏。不论狭小的卫生间，还是不规则的储物间，只要换上推拉门，都能在很大程度上提升空间的利用率。

通常，推拉门上下会有轨道，门扇在轨道上向左或向右移动，从而实现推拉门的开启和关闭，相比于平开门，这种开启方式更加轻便容易。推拉门的型材较厚，少则1.0mm，多则1.8mm厚。推拉门一般较重、强度大、韧性高、承载能力强。推拉门主要用于阳台、厨房、卫生间以及入口，具有密封、保温、隔音等功能。

❖ 推拉门大幅度使用玻璃的设计，既可以保持室内整体空间的光亮通透，又能满足不同空间的分隔需求。

❖ 柔软的海绵、织物、泡沫等材料都具有一定的吸音能力，因此用这些材料装饰的推拉门都具有较好的隔音效果。

❖ 推拉门在平时使用过程中要注重对其五金件的保养，尤其滑轨、滑轮，这样才能延长其使用寿命。

02 材料分类及选购常识

推拉门的使用越来越广泛，从安装方式上来分，可以归纳为平贴式、暗藏式、多扇推拉门。

分类	特点	优缺点
平贴式	一般推拉门装在洞口外侧，可根据需要，选择房间内面或外面，平贴在墙面，上吊滑轨或地滑轨	**优点** 工艺简单方便，对容易发生故障的滑轨部位检修方便 **缺点** 开启后门扇会占用墙面，而且此处墙面无法做其他用途或挂放装饰物
暗藏式	暗藏式推拉门是装在洞口中，开启后可藏入墙中	**优点** 空间完全敞开，不影响门旁墙面装饰，比较美观 **缺点** 做法比较复杂，墙体需做成夹壁墙。如果厨房墙面为瓷砖，对做夹壁墙的墙体要求较高。一旦因为滑轨问题造成门被卡住，维修比较麻烦
多扇推拉门	多扇推拉门其实就是活动隔断，一般同房间高度相等，分隔灵活，完全打开后两边空间统一	**优点** 方便在原有空间上分隔出新的小空间，实现空间利用最大化，而且轨道维修方便 **缺点** 用来分隔空间时，隔音效果不好

选购常识	
1	市场上，推拉门的型材分为铝镁合金和再生铝两种。高品质推拉门的型材由铝、锶、铜、镁、锰等合金制成，坚韧度上有很大的优势，而且厚度均能达到 1mm 以上，而品质较低的型材为再生铝，坚韧度和使用年限较低
2	推拉门分别有上、下两组滑轮。上滑轮起导向作用，因其装在上部轨道内，业主选购时往往不重视。好的上滑轮结构相对复杂，不但内有轴承，而且用铝块将两轮固定，使其定向平稳滑动，几乎没有噪声
3	地轨设计的合理性直接影响产品的使用舒适度和使用年限，业主选购时应选择脚感好，且易于清洁的款式，同时，为了家中老人和小孩的安全，地轨高度不宜超过 5mm
4	市场上流行的胶条有 PVC 橡胶和硅胶，其中，硅胶效果更好，不会腐蚀型材、玻璃和芯板。另外，PVC 封边带封边牢固，表面平整，色彩逼真，不掉色，不会脱落变形

03 材料应用注意事项

　　一般情况下，推拉门的风格都是通过门框来表现的，而门扇基本相差不大，因此推拉门框架造型应与家居室内的整体装修搭配。若在阳台选用推拉门，会有落地窗的感觉，此时推拉门需要具备防盗的功能，且要选择耐晒、耐持久、耐氧化的材质。木质推拉门易于造型，而且可以现场制作。但木门不防潮，当厨房或卫生间的面积小于 4m² 的时候，室内潮气不易散发出去，水可能直接溅到门上，不宜使用，只能使用玻璃推拉门。

　　推拉门的黄金尺寸大约为 800mm×2000mm，这种尺寸的推拉门结构是最稳定的，如果推拉门的高度高于 2000mm，最好将其宽度缩减或使用更多的门扇，这样才能保持推拉门的稳定性和使用安全。

△ 玻璃推拉门既不影响通透性，又可以阻隔油烟

△ 透明材质有利于提高延伸感，使房间的空间感和视野增大

△ 推拉门对于小户型来说是一种性价比很高的选择，在节省空间和分隔空间方面都有很好的效果

谷仓门是推拉门的一种，原本是作为国外农场的仓库门，后来被运用到了室内设计中。谷仓门的轨道外露，安装简单，而且不限门型，不限规格，能与室内设计风格形成完美搭配。由于谷仓门设计了悬挂轨道，因此对五金及墙体的质量和承重都有较高的要求。一般可设在红砖或混凝土浇筑的可承重墙面。而空心砖、泡沫砖材料砌成的墙面，则不宜设置谷仓门。

△　北欧风格空间中常见谷仓门形式的隔断

04 施工与验收要点

✎ 因为推拉门的上轨是用螺栓稳固的，所以要求工作人员提前做好用于紧固上轨的底板。

✎ 不管室内地面采用何种材料，都一定要确保水平，门洞的四面也要确保水平与垂直。否则，门在安装完成后，会发生歪斜的情况。

✎ 请不要在安装位置安装踢角线，石膏线可安装在壁柜上方的封板上，若门直接到顶则不用安装石膏线。

✎ 由于滑动门与墙壁或柜体两侧接触，因此，在接触的位置不要有其他物件阻挡滑动门的关闭。比如，柜体内抽屉的位置要避开推拉门相交处，且要高于底板至少1cm。

✎ 对于使用悬挂式推拉门的用户来说，推拉门顶部一般都需要进行加固的结构架基层处理，一般大型木结构推拉门的内部也需要用钢结构进行加固。

　　推拉门在日常使用中要保持轨道清洁，而且要防止重物砸到轨道上，以免产生变形导致滑动不畅。如果推拉门沾染了污渍，要用无侵蚀的清洗液进行清洗，如板面受损，则要请专业人员进行更换。此外，为了保证推拉门的使用安全，应定期检查防跳卡装置是否发挥正常的作用。若发现门体与墙不紧密，应请专业人员调节下滑轮螺栓，以使门体与墙面形成严密的关联。

百叶窗

01 材料的性能与特征

百叶窗属于窗扇中的一种，是用许多横板条制成的，横板条之间有空隙，能够上下升降。百叶窗以叶片的方向来阻挡外界视线，采光的同时，影子不会映到室外，清洁方式简单，只需用抹布擦拭就可以，不用担心褪色。百叶窗还可以有效保持室内温度，达到了节省能源的目的。可以任意调节叶片至最合适的位置，控制射入光线，有效阻挡紫外线的射入，保护家具不受紫外线的照射而产生褪色现象，完全封闭时，家居就像多了一扇窗，能起到隔音隔热的作用。

- ✧ 可通过调节百叶窗叶片的角度来对光线进行调整，使室内空间变得更加舒适。
- ✧ 百叶窗由有着良好隔热性能的材料制作而成，能抵挡住夏季的高温和冬季的寒冷，对室内温度的控制起到一定的作用。
- ✧ 百叶窗帘由许多叶片组合而成，使用一段时间后，叶片容易积尘，清洁起来比较麻烦。
- ✧ 百叶窗帘的叶子不是紧密相连的，中间存在着缝隙，遮挡功能有时会略显不足。

02 材料分类及选购常识

分类		特点
铝合金百叶窗		铝合金百叶窗帘具有美观节能、简洁利落等优点，一般价格在 150 元 /m² 左右
彩铝百叶窗		具有丰富的颜色和图案选择，可以在百叶窗上印制花纹，安装简单方便，不需要很复杂的工艺
木质百叶窗		木质百叶窗帘大多比较美观，表层贴了木皮，看起来比较像实木百叶窗，具有美观的装饰作用
塑料百叶窗		优点是色彩鲜艳、韧性较好、易清洗，缺点是光泽度和亮度较差、易腐蚀。适用于卫浴间
塑铝百叶窗		优点是不褪色、不变形、隔热效果好、隐蔽性高。缺点是容易被刮花、材质坚硬而易伤到人

选购常识		
1		购买百叶窗的时候，可以先用手触碰一下百叶，看看表面是否平滑均匀，如果叶片周边会起毛边，最好不要选，因为质量好的百叶窗，细节方面处理得比较好
2		百叶窗由多个部件组成，包括线架、拉线、调节棒等配件的颜色都应保持一致，最好用手感觉一下叶片的光滑度，叶片一定要是光滑且没有扎手感的
3		购买百叶窗时，最好先动手试一下，看看开关是否顺畅，打开时各个叶片的距离要均匀，且都保持在同一水平面上，关闭时叶片要严丝合缝，才能保障百叶窗的质量

03 材料应用注意事项

　　百叶窗的安装方式有暗装和明装两种，选购时要根据不同的装配方式来量取百叶窗的大小。暗装的百叶窗，它的长度应与窗户高度相同，宽度在窗户宽度基础上左右各减少 1~2cm。若百叶窗明挂在窗户外面，那么它的长度应比窗户高度长约 10cm 左右，宽度在窗户宽度基础上两边各加约 5cm，以保证其具有良好的遮光效果。一般来说，厨房和卫浴间等适合使用暗装的百叶窗帘，而客厅和卧室以及书房等大房间则较适合使用明装的百叶窗帘。

△ 百叶窗帘可以通过旁边的拉绳放下或者收起，使窗户显得简约大方

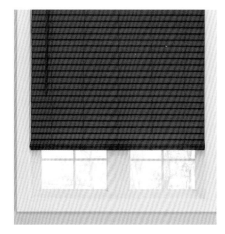

△ 木质百叶窗看上去非常古朴典雅，充满书香气息

04 施工与验收要点

✧ 为了便于清洗窗户，百叶窗最好不要选择固定安装，选择平开式百叶窗最合适。因为一旦固定，后期清洗窗户就会很麻烦，而且平开式百叶窗的密封性比较好，比较适合小户型空间或小窗户使用。

✧ 推拉方式占用空间小，适合一般的窗口；折叠方式适合多扇窗的开启方式，一般做隔断或落地窗时采用。

✧ 为了保证有良好的使用体验，实木材质的百叶窗最好不要用在卫生间或者厨房，否则，叶片会出现变形的情况。

门锁

01 材料的性能与特征

门锁主要由内把手座、外把手座、锁座、联动装置、按钮、门锁舌等构成。根据门锁的功能差异，有些锁具的安全系数较低，不适合用于户外门。

- ✧ 要注意选择与自家门开启方向一致的锁，这样可使开关门更方便。
- ✧ 一般门锁适用门厚为 35~45mm，但有些门锁可延长至 50mm，应查看门锁的锁舌，伸出的长度不能过短。
- ✧ 部分执手锁区分左右手。在门外侧面对门时，门铰链在右手处，即为右手门；在左手处，即为左手门。
- ✧ 应先在门扇上好油漆，待干透后再安装锁具，因为有些油漆对门锁表面有破坏作用。
- ✧ 门锁价格差异较大，低端锁的价格为 30~50 元 / 个，好一些的门锁价格可达上百元，可以根据实际需求选购。

02 材料分类及选购常识

目前，市场上材质比较好的有不锈钢门锁、铜质门锁以及锌合金门锁等，按外观造型可分为球形门锁、三杆式执手锁、插芯执手锁及玻璃门锁等。

分类		特点
不锈钢门锁		不锈钢材质的锁具强度高、耐腐蚀性强、不变色，但锻造性能不好，款式和颜色较为单一
铜质门锁		铜质材料机械性能优越，一般用于制作欧式高档门锁，价格和档次都比较高
锌合金门锁		锌合金具有坚固耐磨、耐腐蚀等性能，且比较容易铸造，款式和花纹繁多

分类		特点	应用范围
球形门锁		门锁的把手为球形，制作工艺相对简单，造价低	可安装在木门、钢门、铝合金门及塑料门上，一般用于室内门
三杆式执手锁		门锁的把手造型简单、实用，造价低	一般用于室内门门锁，尤其方便儿童、年长者使用
插芯执手锁		此锁分为分体锁和连体锁，品相多样	产品安全性好，常用于入门户和房间门
玻璃门锁		表面多为拉丝或者镜面，美观大方，具有时尚感	常用于带有玻璃的门，如卫浴门、橱窗门等

选购常识	
1	一般情况下，球形锁和三杆式执手锁不能安在厚度小于 90mm 的门上，门周边骨架宽度在 90mm 以上、100mm 以下的应选择普通球形锁 60mm 锁舌；100mm 以上的可选用大挡盖，即有 70mm 锁舌的锁具
2	门锁表面处理工艺可以分为电镀、喷涂与着色三种，表层的处理相当于一层保护膜，起到的不仅仅是装饰作用，更是一种保护作用。质量好的锁具，多采用电镀处理工艺，镀层细腻光滑、均匀适中、色泽鲜艳、无气泡、无生锈及氧化迹象
3	在材质可采用"看""掂""听"来选择。看其外观颜色，纯铜制成的锁具一般都经过抛光和磨砂处理，与镀铜相比，色泽要暗，但很自然；掂其分量，纯铜锁具手感较重，而不锈钢锁具明显较轻；听其开启的声音，镀铜锁具开启声音比较沉闷，不锈钢锁具的声音很清脆

03 施工与验收要点

❖ 安装球形门锁时要特别注意，只有将带保险的那端拆除掉，才能安装，千万不能把带钥匙的那一端拆掉。

❖ 安装三杆式执手锁时要注意，如左开、右开互换后，不能造成开门时把手往上拧，因为目前市场上的中高档三杆式执手锁都具有左右互换的功能，购买时无须考虑开门方向。

❖ 安装门锁之后，给门涂油漆时，门锁务必卸下，以免外露件沾上油漆，因为清除油漆时，必然会破坏锁的保护膜。

❖ 门锁在平日开关门的过程中，最好握着执手把锁舌旋进锁体，关好门后再松手，不要用力撞门，否则会缩短锁的使用寿命。

门吸

01 材料的性能与特征

门吸安装在门后面，在门打开以后，通过自身的磁性稳定住，防止风吹时自动关闭，同时也防止在开门时用力过大而损坏墙体。常用的门吸又叫作"墙吸"。目前市场流行的一种门吸，称为"地吸"，其平时与地面处在同一个平面，打扫起来很方便；当关门的时候，门上的部分带有磁铁，会把地吸上的铁片吸起来，及时阻止门撞到墙上。

◇ 如果家里有小孩，可以选择墙吸，但不能将墙吸安装在踢脚板上，否则会导致踢脚板在吸力太强和长久使用的情况下剥离墙体。

◇ 如果想要安装地吸，需要注意选择门吸的款式，最好选择隐藏式门吸。

02 材料分类及选购常识

分类		特点
不锈钢门吸		不锈钢门吸有很好的防腐蚀性，而且强度很高，具有很好的耐用性
塑料门吸		塑料门吸有很好的防潮性，但是很容易老化，而且很脆弱，甚至会开裂
锌合金门吸		锌合金门吸比较普遍，价格便宜，但长时间使用很容易生锈
铜质门吸		铜质门吸的防腐蚀性能是各种材质中较好的，但是铜质门吸价格较高

选购常识		
1	门吸最好选择不锈钢材质，其具有坚固耐用、不易变形的特点。质量不好的门吸容易断裂，购买时可以使劲掰一下，如果会发生形变，就不要购买	
2	选购门吸产品时，应尽量购买造型敦实、工艺精细、减震韧性较高的门吸	
3	根据家居环境特点选购合适的门吸，比如墙面瓷砖很脆弱，不适合金属墙吸，那么就应该考虑购买其他材质的产品	

△ 地吸

△ 墙吸

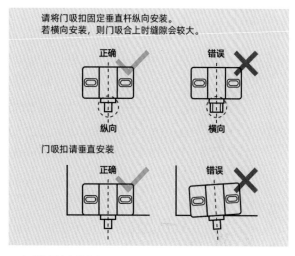

请将门吸扣固定垂直杆纵向安装。
若横向安装，则门吸合上时缝隙会较大。

正确　纵向　　　错误　横向

门吸扣请垂直安装

正确　　　错误

△ 门吸扣固定杆的方向

03 施工与验收要点

❖ 先要确认门吸的安装方式，是安装在地面上，还是安装在墙面上？如果门吸安装在墙上，就要注意门吸上方有无暖气、储物柜等具有一定厚度的物品。

❖ 量尺寸是关键，预留合适的门后空间，并将门打开至需要的最大位置，测试门吸作用是否合理，门吸在门上的距离是否合适，角度是否合理。其中两点成直线，是确认门吸和开门角度最好的方式。

❖ 用铅笔在地砖上确认门的位置，以确认门开的最后位置，最终确认门吸的最后安装位置。

❖ 门吸分为固定端和门端，固定端需要在安装前将螺丝拧紧，然后用附送的内六角扳手将其固定旋紧在地面或者墙上。

❖ 安装在门上的门吸端只要用螺丝拧紧就可以，最重要的是门端的定位，方法是先将门打开至最大，然后找到在门上的准确位置，用螺丝拧紧门端门吸。

❖ 门吸安装的最后一步是微调，旋转门吸的角度，使之全部和门端门吸贴合，最后彻底拧紧螺丝。

门把手

01 材料的性能与特征

门把手作为家装中的装饰、点缀，一定要和门板的样式以及整体风格匹配。门把手是一个不太起眼的小细节，从整体装修来说，它对风格的影响是比较小的，然而在与房门搭配的时候，选择一款精美的门把手，却能带来更加美观大气的视觉效果。欧式风格的空间中，一般选购花纹较为复杂的白色弯曲门把手，中式风格的空间中，一般用水平式古铜色复古门把手，现代装修风格则多使用亮色的门把手，也有业主选择推拉门把手。

❖ 一般而言，如果想要长时间使用，或居住环境潮湿，建议选用不锈钢门把手。

❖ 铜质门把手特别适合欧式风格、乡村风格，或者古典风格。若预算足够，也可选择水晶门把手，以提升空间的奢华感。

❖ 卫浴空间最好装铜质门把手，因不锈钢门把手容易滋生细菌，所以铜质门把手反而较具优势。

❖ 电镀等级会影响到把手的质感，把手的手感越好，光洁度越高，价格也就越高。

❖ 小孩房通常选择具有童趣的卡通或动物造型的门把手。

02 材料分类及选购常识

在常见的门把手中，主要有水平门把手、圆头锁门把手、推拉型门把手和磁吸门把手四类。从材质上又可分为五金门把手、合金门把手、塑料门把手、木质门把手、绳质门把手及皮质门把手等。

分类		特点
水平门把手		具有锁舌，并在开启的时候会发出声音，一般使用下压的方式开启门锁，有些门把手用上抬的方式还可以锁门，但这种设计容易造成误锁，所以现在这样的设计不常用。水平门把手的价格适中，适合大多数家庭使用
圆头锁门把手		一般使用旋转的方式开启门锁，价格便宜——市面上的价格在 100 元以内，适用于很多家庭。但是这种门锁造型简单，不太适合用作大门的门把手
推拉型门把手		突破了传统下压式的开门方式，而是通过前后推拉的方式来开门，这种门把手都配有内嵌式铰链，可以使得门板外边平整、美观；但价格比较昂贵
磁吸门把手		没有锁舌，在开启的时候能够做到无声，而且配有嵌入式铰链，可以保证门板外表平整。目前，市场上的磁吸门把手大多是进口品牌，因此价格也相对高一些

分类	特点
五金门把手	最为常见，也是传统的五金制品，是指铁、钢、铝等金属经过锻造、压延、切割等物理加工制造而成的金属把手
合金门把手	常见的有锌合金把手。合金把手是由两种或两种以上金属与非金属用一定方法合成的把手。一般由熔合成的均匀液体凝固而得
塑料门把手	以塑料为原材料制造，可以自由改变形体样式。塑料把手由注塑机生产，按形状要求设计模具，注塑一次成型，亦可配套锌合金件组合
木质门把手	木质门把手由树皮下的大部分坚硬纤维物质组成。木头是亲水性的，因此木质把手有很高的硬度，也增加了制作的机械强度
绳质门把手	绳子由几股扭织，其表面纹路细致美观，可由一色或多色有规律地编织在一起。可用材料有麻、棕、丙纶丝、涤纶丝、棉纱、尼龙丝等
皮质门把手	皮质门把手使用的皮革是经脱毛和鞣制等物理、化学工序加工所得到的动物皮。其表面有一种特殊的粒面层，具有自然的粒纹和光泽，手感舒适

	选购常识
1	选购时要查看门把手的面层色泽及保护膜有无破损和划痕。可以试着摸一摸，看表面处理是否光滑，拉起来顺不顺手，好的门把手边缘应该做过平滑处理，不存在毛碴儿扎手、割手的情况
2	辨别劣质拉手可以通过响声来辨别，用硬器轻轻敲打把手管，厚管的拉手响声较为清脆，而薄管就比较沉闷
3	最好选择螺孔周围面积大一些的把手。因为把手螺孔周围的面积越小，对打在板上的孔的要求越精确，否则，稍有偏差，会导致把手孔外露

拉手

01 材料的性能与特征

　　拉手是安装在门、窗、抽屉、橱柜等家具上，起推、拉、抽作用，便于用手开关的用具。自制或定制的家具，或者一些自带拉手的家具可能由于拉手受损或与家居风格不搭配，而需要自己进行选购。拉手在款式方面有比较多的选择，它的设计要根据家具的款式、功能和家居的整体风格来进行。

❖　拉手不仅可以起到巧省人力、方便家居生活的作用，若搭配得当也会起到很好的装饰作用。

❖　拉手需要与门窗、家具柜门等的大小相适应。

❖　拉手的固定方式有用螺钉和胶粘两种，一般，用螺钉固定的拉手更结实，胶粘的则不实用。

02 材料分类及选购常识

　　拉手根据不同的标准可以分为多种类型。根据材料分，常见的有铜拉手、不锈钢拉手、锌合金拉手、铝或铝合金拉手、塑料拉手、陶瓷拉手等；根据安装位置可分为玄关柜拉手、电视柜拉手、橱柜门拉手、卫浴柜拉手、儿童房柜门拉手等。

分类		特点
铜拉手		使用最广泛的材料之一，其机械性能好，耐腐蚀和加工性能都不错，且色泽艳丽，特别是用铜锻造的拉手，表面平整、密度好、无气孔、无砂眼
不锈钢拉手		耐用，越用越光亮。其强度好、耐腐蚀性强、不易变颜色
锌合金拉手		其强度和防锈性能较差，优点是易于做成复杂图案的零件，特别是压力铸造。市面所见的图案较复杂的拉手多是锌合金拉手
铝或铝合金拉手		普通铝合金质软且轻、材料强度较低，但易于加工成型
塑料拉手		有易加工、制品尺寸稳定、表面光泽性好等特点，容易涂装、着色，还可以进行表面喷镀金属、电镀、焊接、热压和粘接等二次加工
陶瓷拉手		刚度最好、硬度最高的材料，其硬度大多在 1500HV 以上。抗压强度较高，但抗拉强度较低，塑性和韧性很差，不易氧化，并对酸、碱、盐具有良好的抗腐蚀性

分类	特点
玄关柜拉手	玄关柜的拉手可以强调装饰性，一般来说，对称式装饰门上要安装两个豪华精致的拉手
电视柜拉手	电视机柜的拉手可以考虑选择与电器或电视柜台面石材色泽相近，如黑色、灰色、深绿色、亚金色的外露式拉手
橱柜门拉手	橱柜门拉手使用比较频繁，一日最少要使用三次。因为厨房中油烟大，所以拉手的设计不能过于复杂，应选择铝合金这类耐用、抗腐蚀材质的拉手
卫浴柜拉手	卫浴间的柜门不多，适宜挑选微型单头圆球式陶瓷或有机玻璃拉手，其色泽或材质应与柜体相近
儿童房柜门拉手	儿童房中柜门拉手设计最注重的是安全，安全系数要求高。可以选择无拉手设计、内嵌式拉手设计等，不要有突出的棱角，以防止小朋友被撞伤

选购常识	
1	查看拉手的面层色泽及保护膜，有无破损及划痕。判别拉手的质量首先从表面处理来考察，好的砂光拉手色泽相对暗淡，给人以稳重感觉；好的亮光拉手色泽反射如镜，亮丽透彻，无半点瑕疵
2	试着摸一摸，看表面处理是否光滑，拉起来顺不顺手
3	辨别劣质拉手可以通过响声来辨别，用一硬器轻轻敲打拉手管，厚管的拉手响声应该较为清脆，而薄管就比较沉
4	最好选择螺孔周围面积大一些的拉手。因为拉手螺丝孔周围的面积越小，对打在板上的拉手孔的要求越精确，否则，稍有偏差，会导致拉手孔外露

△ 现场定制的书桌抽屉安装横向拉手，实用的同时显得简洁大气

△ 选购前最好先确定好需要的拉手长度，然后按照拉手的孔距尺寸和总长选择拉手

03 施工与验收要点

❖ 为了增强整体效果，需要使一套家具所有的把手都保持横装或者竖装。一般来说，抽屉面板、上翻门、下翻门的把手都应横装。

❖ 若是上柜门板，一般需要将门把手安装于门板的下部，而下柜门板，则是将把手安装在门板的上部。此外，高柜门板的拉手位置，需要根据使用者的方便程度来确定。

❖ 如果柜门的表面设计了一定的造型要注意拉手安装的可行性。毕竟柜门的凹凸不平会影响到拉手的安装。

❖ 地柜门板上部安装拉手，吊柜门板下部安装拉手，这样，开地柜门时不用弯腰，开吊柜门也不费力。

01 材料的性能与特征

开关、插座不仅是一种家居功能用品，更是安全用电的主要零部件，其产品质量、性能材质对预防火灾、降低损耗都有至关重要的决定性作用。

✧ 开关、插座是用来接通和断开电路中电流的电子元件，有时还具有装饰的功能。

✧ 开关、插座的面壳和内部等使用的材质，一般具有绝缘性，以防止漏电。

✧ 卫浴间的排气扇可以选择延时开关，这样在关闭开关时，可继续排放污气。

02 材料分类及选购常识

常见的开关有单控开关、双控开关、延时开关、红外线感应开关、声控开关等。选购时，根据各居室空间的灯光、电器控制、用电方式、使用功能等，选择适合的开关插座，如楼道的灯光控制可以选择声控开关，这样比较方便且节能。

常见的开关插座面板材质有 ABS 材料、PC 材料等，流体材质有黄铜、锡磷青铜、红铜等。在选择时，应当挑选有防火阻燃功能的材质。PC 材料有着比较好的耐热性、阻燃性以及高抗冲性；ABS 材料价格较便宜、阻燃性和染色性也很好，不过韧性差，抗冲击性弱，使用寿命短。

分类		特点
86 型开关插座		面板为长 86mm、高 86mm 的正方形面板，适用于照明线路和开关插座在墙里暗设的情况，需要先预埋底盒
120 型开关插座		面板的高度为 120mm，120 型开关的外形尺寸有两种，一种为单连 70mm×120mm，另一种为双连 120mm×120mm，模块按大小分为 1/3、2/3、1 位三种
118 型开关插座		常见的模块以 1/2 为基础标准，即在一个横装的标准 118mm×74mm 面板上，能安装下两个 1/2 标准模块。模块按大小分为 1/2、1 位两种

分类	特点	应用要点
单控开关	在家庭电路中最为常见，由一个开关控制一件或多件电器，根据所连电器的数量又可分为单控单联、单控双联、单控三联、单控四联等多种形式	如厨房使用单控单联的开关，一个开关控制一组照明灯光；而在客厅可能会安装三个射灯，那么可以用一个单控三联的开关来控制
双控开关	即两个开关同时控制一件或多件电器，根据所连电器的数量还可以分双联单开、双联双开等多种形式	如卧室顶灯，一般在进门处有一个开关控制；如果床头再接一个开关同时控制这个顶灯，那么进门时可以用门旁的开关打开，关灯时直接用床头的开关即可，不必再下床去关
转换开关	一种可供两路或两路以上电源或负载转换用的开关电器，由多节触头组合而成	如客厅顶灯，一般灯泡数量较多，全部打开太浪费电。可以装上一个转换开关：按一下开关，只有一半灯亮；再按一下，只有另一半灯亮；再按一下，灯全部亮。这样，来客人或有需要时可以全亮，平常亮一半即可
延时开关	为了节约电力资源而开发的一种新型的自动延时电子开关，有触摸延时开关、声光控延时开关等。只要用手摸一下开关的触摸片或给予声音信号就自动照明。当人离开 30~75 秒后自动关闭	卫浴间里，灯和排气扇经常合用一个开关，这样会带来不便，如关上灯，排气扇也跟着关上，浊气却还没排完。除了装个转换开关可以解决问题，还可以装延时开关，即关上灯，排气扇还会再转 3 分钟才关闭

选购常识	
1	通过外观判断开关面板材料的好坏。好的材料表面光洁度好,有品质感;如果使用了劣质材料,或加入了杂料,面板颜色会偏白,有瑕疵点
2	目前关于开关插拔次数的国家标准是 5000 个来回,一些优质产品已经达到 1 万次。另外,在选购时还可以拿着插头插一下插座,看插拔是否偏紧或偏松
3	普通铜片很容易生锈,镀镍工艺是在铜片上镀一层镍,能有效防止铜片生锈,安全系数非常高且使用寿命长。好铜片的硬度、强度是非常好的,在选购的时候可以尝试弯折铜片
4	用一块金属片插入插座的一个插孔,保护门不会开启,处于自锁状态,可以有效防止儿童触电事故的发生
5	孔间距就是两孔跟三孔之间的间距,较大的间距可以避免插座打架现象,减少插座的安装。有些开关的间距可能只有 18mm,甚至 17mm,两个插头同时插入可能会碰撞,无法同时使用。一般,孔间距要达到 20mm,才能满足两个大尺寸插头同时插入

03 施工与验收要点

❖ 开关、插座不能安装在可燃物体上,万一可燃物体燃烧,有可能会把开关插座的外套烧坏,从而导致线芯露出,水汽进入,造成短路,甚至引起火灾。

❖ 开关、插座的布线一定要遵循的原则是"火线进开关,零线进灯头",同时一定要记得安装漏电保护装置。

❖ 开关、插座最好安装一个保护盒或挡板,这样才可以避免水或油渗进去,否则会造成短路或漏电。在一些有小孩的家庭,保护盒和挡板可以防止小孩玩耍时伸手触摸而遇到触电的危险。

❖ 厨房内的开关、插座不能安装在灶台的上方,主要是因为此处温度较高,会导致插座过热而被损坏。

❖ 卫生间浴霸的开关一般比其他开关要大上一些,在前期准备时应先多留一定的位置,方便开关的安装。

家用开关、插座的常见安装高度	
1	开关离地面一般为 1200~1400mm,一般情况下和成人的肩膀一样高
2	视听设备、台灯、接线板等墙上插座一般距离地面 300mm
3	电视插座在电视柜席面的 200~250mm 处,在电视柜上面 459~600mm 处,壁挂电视插座高度为 1100mm
4	空调、排风扇等插座距离地面 1900~2000mm
5	冰箱插座适宜放在冰箱两侧,高插距离地面 1300mm,低插距离地面 500mm
6	厨房所有台面插座距离地面 1250~1300mm,一般安装 4 个
7	挂式消毒柜的插座离地面 1900mm 左右,暗藏式消毒柜的插座离地面 300~400mm
8	吸油烟机插座高度一般为距离地面 2150mm 以上

3
PART
第 三 章

陶瓷石材

DECORATION DESIGN BOOK

仿古砖

01 材料的性能与特征

仿古砖是从彩釉砖演化而来的，实质上是上釉的瓷质砖。仿古砖与普通的釉面砖的差别主要表现在釉料的色彩上，现代仿古砖属于普通瓷砖，与瓷砖基本相同，所谓仿古，指的是砖的铺贴效果，应该叫仿古效果的瓷砖。仿古砖的外观古朴大方，其品种、花色较多，但每一种仿古砖在造型上的区别不大，因而仿古砖的色彩就成了设计表达最有影响力的元素。

✧ 仿古砖实质上是一种上釉的瓷质砖，主要以做旧的方法来体现古典韵味。

✧ 仿古地砖表面经过打磨而形成的不规则边有着经岁月侵蚀的模样，呈现出质朴的历史感和自然气息。

✧ 仿古砖表面的图案以仿木、仿石材、仿皮革为主，目前，市场上以仿石材为主流。

✧ 由于仿古砖的表面有一层釉面，因此不易做倒角、磨边等深加工处理。

02 材料分类及选购常识

仿古砖的款式新颖多样，从施釉方式来看，可分为全抛釉与半抛釉仿古砖；全抛釉仿古砖的光亮程度与耐污性，更适用于室内家居地面。呈现亚光光泽的半抛釉仿古砖，用于墙面效果更好。

从表现手法上，仿古砖可分为单色砖与花砖，单色砖主要由单一颜色组成，而花砖多以装饰性的手绘图案进行表现。单色砖主要用于大面积铺装，而花砖则作为点缀用于局部装饰。

从砖面的纹理上，仿古砖可分为仿石材、仿木材、仿金属等特殊肌理的仿制砖。一般，仿木纹砖适合客厅、卧室大面积铺装，而仿石材仿古砖则多被用于家居地面的局部装饰。

△ 半抛釉仿古砖

△ 全抛釉仿古砖

△ 单色仿古砖

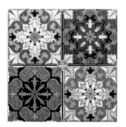

△ 仿古花砖

△ 铺贴仿古花砖的地面给人以艺术般的美感

选购常识	
1	仿古砖的耐磨度分为五度，从低到高。五度属于超耐磨度，一般不用于家庭装饰。家装用砖在一度至四度间选择即可
2	硬度直接影响仿古砖的使用寿命，尤为重要。可以用敲击听声的方法来鉴别，声音清脆就表明内在质量好，不宜变形、破碎，即使用硬物划一下砖的釉面也不会留下痕迹
3	查看一批砖的颜色、光泽纹理是否大体一致，能不能较好地拼合在一起，色差小、尺码规整则是上品
4	吸水率高的仿古砖致密度低，砖孔稀松，不宜在应用于频繁活动的地方，否则吸水积垢后不宜清理；吸水率低的仿古砖则致密度高，具有很高的防潮抗污能力

03 材料应用注意事项

仿古地砖有着独特的古典韵味，并能完美地展现出中国历史的厚重与悠远。在中式风格的地面铺贴仿古地砖，能营造出独具一格的怀旧氛围，更是在不经意间显现出中式家居的格调与品位。

地面装饰是乡村风格中非常重要的一部分，选择暖色系仿古砖，可以为乡村风格的家居空间营造自然温馨的氛围，而且温暖的色泽能让家居环境显得高雅温馨。

仿古砖的装饰手法和装饰材料也是所有陶瓷砖品种中最为丰富的。在施釉方式上，既有喷釉又有淋釉，也有二者相结合的，以上属于湿法施釉，擦釉、撒干釉粉、施干粒则属于干法施釉，辅之以喷水增湿和喷胶固化等工艺手法；在印花上，则有平面印花、辊筒印花、胶辊印花以及它们的组合；在表面，抛光上有柔抛、半抛和全抛；在磨边、倒角上，有湿法的，也有干法的。

△ 中式风格地面常用灰色仿古砖营造古朴自然的禅意

仿古砖还可以通过样式、颜色、图案铺设方式上的差异，在室内空间里营造出不一样的家居氛围，如在仿古砖的四角做拼花造型，让地面呈现出丰富的视觉装饰效果。

△ 仿古砖菱形铺贴加波打线

△ 暖色系仿古砖是乡村风格空间最常用的地面材料之一

04 施工与验收要点

❖ 仿古砖铺贴前，需要确定铺贴方式、灰缝大小、腰线、凸线高度、花片位置等事项。

❖ 为了更好地体现仿古砖的使用效果与装饰效果，建议墙砖采用 3mm 以下灰缝，地砖采用 3mm 以上灰缝留缝铺贴。

❖ 仿古砖一般都要留缝铺贴，为了好看，缝隙大小要一致，所以费工，对工艺要求也高，其填缝剂一定要选用低收缩、不开裂、易清洗的，否则不到半年就会脱落、变黄。

❖ 常见的仿古砖铺贴方式，除了与传统墙地砖一样的中规中矩、横平竖直的铺贴方法，还有人字贴、工字贴、斜形菱线、切角衬小花砖铺贴等。

❖ 仿古砖在铺贴 12 小时左右后，应及时用木槌敲击砖面，检查地砖是否出现空鼓现象。若敲击听到空空响声，则表明该砖已经出现空鼓现象，那么必须设法重新铺贴该砖。所有的仿古砖在铺完 24 小时后方可行走和擦洗。

❖ 仿古砖拼花可打造优雅乡村田园气息，要注意在施工时对拼花砖进行保护，由于现在一般拼花多为水刀切割，费用较高且耗砖材比较多，所以细心是最重要的，同时注意拼花缝要均匀，不能错位，最后找底板固定，而后整板铺贴。

　　仿古砖在铺贴上需要注意缝隙要留大点儿，一般在 3mm 左右，因为有些仿古砖是手工制作的，边型可能不规则，尺寸上也会有些误差，如果缝留大一些的话可以弥补这些不足。填缝剂尽量选好一些的，有很多种颜色可以选择，注意像仿古砖这类留缝比较大的尽量不要选择纯白色的填缝剂，因为一旦脏了就会影响美观。

△ 多种铺法结合的仿古砖墙面

△ 利用仿古花砖拼贴成富有艺术感的画面，注意应先算好图样的尺寸

玻化砖

01 材料的性能与特征

　　玻化砖是由石英砂、泥按照一定比例烧制而成，然后经打磨抛光，表面如玻璃镜面一样光滑透亮，是所有瓷砖中最硬的一种，在吸水率、边直度、弯曲强度、耐酸碱性等方面都优于普通釉面砖、抛光砖及一般的大理石。玻化砖的出现是为了解决抛光砖出现的易脏问题，又称为全瓷砖。玻化砖因为比较耐脏，耐磨性也很高，在视觉上给人以美的享受，所以适用于室内公共空间的地面铺贴。

◈ 玻化砖比较适用于现代风格、简约风格等家居风格空间。

◈ 玻化砖经打磨后，毛气孔暴露在外，油污、灰尘等容易渗入。

◈ 玻化砖的表面光洁但又不需要抛光，不存在抛光气孔的问题，所以质地比抛光砖更硬、更耐磨。

◈ 玻化砖色彩艳丽柔和，没有显著色差，不同色彩的粉料自由融合，自然呈现丰富的色彩层次。

◈ 玻化砖还具有良好的再加工性，可以对它进行再次加工打磨，任意进行切割和倒角等，而且不会对玻化砖本身造成影响，也不会影响施工质量。

02 材料分类及选购常识

　　玻化砖主要分为渗花型砖、微粉砖、多管布料砖、微晶石和防静电砖等。相对大理石、微晶石来说，玻化砖是普通的瓷砖。综合价格包含材料费和人工费，其中，材料费是最关键的。根据品牌不同，其价格浮动较大，一般在 100~500 元 /m²。

△ 拥有天然石材纹理的玻化砖具有较强的装饰感

△ 玻化砖是现代简约风格空间地面材料的首选

△ 带花纹的玻化砖比纯色的更耐脏

	选购常识
1	主要看玻化地砖表面是否光泽亮丽，有无划痕、色斑、漏抛、漏磨、缺边、缺角等缺陷
2	同一规格产品中质量好、密度高的玻化砖手感都比较沉；反之，质次的产品手感较轻
3	敲击玻化地砖，若声音浑厚，且回音绵长如敲击铜钟之声，则为优等品；若声音混哑，则质量较差
4	如果玻化砖边长超过偏差的标准，则会对装饰效果产生较大的影响。可用一条很细的线拉直沿对角线测量，看是否有偏差
5	在同一型号且同一色号范围内，随机抽取不同包装箱中的玻化砖在地上试铺，然后站在 3 米之外仔细观察色差与平整度

03 材料应用注意事项

大多数简约风格空间的地面一般都选择铺贴玻化砖，因为它耐磨、明亮，易清洁。也有一些业主喜欢用仿古砖，仿古砖色彩丰富，体现个性，但颜色往往比较重，清洗也有一定的难度。一般浅色的玻化砖是比较常用，比如白色、浅米色、纯色或略带花纹的。对卫生要求高的业主而言，纯色更能体现出业主的高雅，但是纯色不耐脏，需要经常清洁。对那些工作繁忙、空闲时间不多的业主来说，略带花纹或颗粒的玻化砖是最好的选择。

在比较大的空间里，如果地面铺贴同一种款式的玻化砖显得比较单调无味，这时，可以考虑选择同一款式但不同颜色的玻化砖进行铺贴。这样的铺贴方法有很多种，最常见的是以跳格子的方式来铺贴玻化砖。

△ 黑白色地砖跳格子铺贴的方式富有灵动感

04 施工与验收要点

❖ 在铺贴玻化砖之前需要仔细地检查一下型号、规格、颜色是否一致。

❖ 施工前应先处理好待贴体或地面，采用干铺法时，基础层达到一定刚硬度才能铺贴砖。

❖ 铺贴时留缝多保留 2~3mm，彩砖建议用 325 号水泥，白色砖建议用白水泥，铺贴前预先打上防污蜡，可提高砖面抗污染能力。

❖ 最常用的铺贴方式有两种：直铺和斜铺。直铺是采取与墙边平行的方式进行排砖铺贴；斜铺是采用与墙边形成 45 度角的方式排砖铺贴，这种方式相对于直铺而言比较费砖，但会让空间更富于变化。

文化砖

01 材料的性能与特征

　　常见的文化砖是指由人工烧制形成的瓷砖，是现代室内设计中经常用来装饰墙面的材料之一。文化砖的砖面都作了艺术仿真处理，不论仿天然还是仿古，都达到了极高的逼真性，使其在某种程度上已经变成了可供欣赏的艺术品。

　　文化砖的制作材料主要是水泥，用一些轻集料降低砖的容重，用增色剂来保持文化砖的色彩长期稳定、不褪色。如今的文化砖已不再只是单一的色调了，有丰富的颜色，而且可以根据需求进行渐变搭配，使其装饰效果更具观赏性。虽然文化砖在颜色及外形上不尽相同，但是都能恰到好处地提升空间气质。

◈　文化砖并不像其他石材一般看上去冰冷，就像温暖属性的木质材料。

◈　文化砖即可单独铺贴一面墙，也可以用部分文化砖打造出不规则的形状。

◈　白色的文化砖是常见的墙面装饰材料，是装扮文艺青年最喜欢的小清新风的绝佳利器，但注意，白色文化砖贴好以后一定要刷白色乳胶漆；红色文化砖贴好以后一定要刷清漆。

02 材料分类及选购常识

　　文化砖规格、种类非常多，包括仿天然、仿古、仿欧美三大系列。文化砖的尺寸规格并没有统一的规定，应用于不同的应用场合会有不同的变化。目前，市面上常见的文化砖尺寸主要有厚度为 10mm、20mm 和 30mm 三种，长宽的规格有 25mm × 25mm、45mm × 45mm、45mm × 95mm、73mm × 73mm 等。

　　不同种类、不同规格的文化砖价格也有所不同。目前，市场上文化砖的价格每平方米从几十元到几百元都有，主要看文化砖的规格、厚度以及材质。一般的文化砖价位在 50~100 元 /cm^2，规格高一些的在 350 元 /cm^2 左右。

选购常识	
1	由于文化砖很多会做旧或者做得凹凸不平，因此，劣质的文化砖可能会出现掉粉、起皮的现象，而高质量的文化砖表面都不会出现这些问题，质量好的文化砖表面一般会采用进口有机色粉
2	文化砖虽然是仿古做旧的文艺瓷砖，但其艺术性极高，有很大的随机性。高端的文化砖不仅纹理逼真、自然，仔细观察，会发现其纹理几乎不会重复
3	文化砖不仅要看表面纹理，还要看背面，主要是看其背面的陶粒的大小、排列是否均匀，陶粒大小、排列均匀更有助于增加产品的黏附力
4	文化砖的断面密致，是通体的，使产品更坚固，而一般质量不过关的文化砖通常都会留有大量空隙，一般，色泽较淡且均匀的产品质量更好
5	一款好的文化砖，是很注重边角打磨工艺的，好的文化砖边角整齐圆滑，不伤手，施工安全

△ 高质量的文化砖不仅纹理逼真、自然，而且仔细观察纹理几乎不重复

03 材料应用注意事项

运用文化砖时，应根据墙面的大小来选择文化砖的式样及大小，大面积墙面尽量选择大尺寸的文化砖，反之，则选择小一点的，体积上的相互协调能带来更为和谐的装饰效果。文化砖的颜色应与空间整体装饰一致，避免出现杂乱的颜色，导致出现混乱、零散的现象。建议按照色彩规律来进行颜色的搭配。文化砖既可以把需要装饰的墙面全部铺满，也可以局部装饰点缀，不少空间也会选择把文化砖与乳胶漆结合使用。

此外，尽管文化砖在档次较高，装饰效果比较好，但是安装的方式却很简便，只需按照普通的瓷砖铺贴方式安装。需要注意的是，由于文化砖的表面凹凸不平，不易清洁，因此在铺贴的时候应注意保持表面整洁。

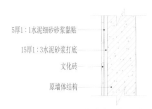

5厚1:1水泥细砂砂浆黏贴
15厚1:3水泥砂浆打底
文化砖
原墙体结构

文化砖施工剖面图

△ 工业风格空间的文化砖墙面

△ 美式乡村风格空间的文化砖墙面

04 施工与验收要点

🔊 **基层为毛坯或水泥墙——选用瓷砖粘贴剂**

步骤一　按要求加水
步骤二　将适量比例的灰浆置于文化石的背面（颗粒感强的一面）

🔊 **基层为木板、玻璃等墙面——选用玻璃胶、结构胶**

步骤一　将适量的玻璃胶或者结构胶置于文化石的背面
步骤二　按照铺贴顺序，自下而上、从左到右

文化石

01 材料的性能与特征

文化石不是专指某一种石材，而是对一类能够体现独特空间风格的饰面石材的统称。文化石本身不包含任何文化含义，而是利用其原始的色泽纹路，展示出石材的内涵与艺术魅力。装饰本是人与自然的关系，而自然的这种魅力与人们崇尚自然、回归自然的文化理念相吻合，由此得名文化石或艺术石。

❖ 文化石粗糙的表面，加上层层叠叠的堆砌效果，呈现出欧式古堡或乡村风的感觉，这就是文化石给人最鲜明的形象。

❖ 与自然石材相比，文化石的重量轻了三分之一，可像铺瓷砖一样进行施工，而价格相对较低，只有原石的一半左右。

❖ 文化石最早从国外进口，是使用100%水泥制造的材料，现在也有不少是由天然石材、手工砖制造的。

❖ 一般乡村风格的室内空间墙面运用文化石最为合适，色调上可选择红色系、黄色系等，图案上则以木纹石、乱片石、层岩石等较为常见。

02 材料分类及选购常识

文化石多以箱为单位，进口材料价格约是国产材料的 2 倍，但色彩及外观的质感较好。市场上，文化石价格约为 180~300 元 /m²。

文化石按外观可分成很多种，如砖石、木纹石、鹅卵石、石材碎片、洞石、层岩石等，只要是想得到的石材种类，几乎都有相对应的文化石，甚至还可以仿木头年轮的质感。

分类		特点	参考价格（每平方米）
仿砖石		仿砖是价格最低的文化石，多用于壁炉或主题墙的装饰，可做出色彩不一的效果	150~180 元
城堡石		外形仿照古代城堡外墙形态和质感，有方形和不规则形两种类型，多为棕色和灰色，颜色深浅不一	160~200 元
层岩石		仿岩石石片堆积形成的层岩石，是很常见的文化石种类，有灰色、棕色、米白等色彩	140~180 元
蘑菇石		因突出的装饰面如同蘑菇而得名，也叫馒头石，主要用于室内外墙面、柱面等立面装饰，给人以古朴、厚实之感	220~300 元

选购常识	
1	用手摸文化石的表面，如表面光滑、没有涩涩的感觉，则质量比较好
2	用一枚硬币在文化石表面划一下，质量好的不会留下划痕
3	在选购文化石时，应注意观察其样式、色泽、平整度，看是否均匀，有无杂质
4	使用两块相同的文化石样品相互敲击，不易破碎则为优质产品
5	取一块文化石细长的小条放在火上烧，质量差的文化石很容易烧着，且燃烧很旺；质量好的文化石是烧不着的（除非加上助燃的东西），而且会自动熄灭
6	取一块文化石样品，使劲往地上摔，质量差的文化石会摔得粉碎；质量好的顶多碎成两三块，而且如果用力不够，还能从地上弹起来

03 材料应用注意事项

　　文化石可分为天然文化石和人造文化石两种。天然文化石是将板岩、砂岩、石英石等石材加工成为适用于大建筑或室内空间装修的建材，保有石材原本的特色，因此在纹理、色泽、耐磨程度上，都与石材相同。天然文化石最主要的特点是耐用，不怕脏，可无限次擦洗。但装饰效果受石材原纹理限制，除了方形石外，其他的施工较为困难，尤其是难以拼接。

　　人造文化石则用硅钙、石膏等制造而成，质地较轻，优点是可以自行创造色彩，即使买回来的颜色不喜欢，也可以自己用乳胶漆等涂料进行再加工。另外，人造文化石多采用箱装，其中不同块状已经分配好比例，安装比较方便。但人造文化石易脏且不容易清洁。

△ 粗犷的文化石与水洗白家具的搭配十分和谐

△ 工业风格空间的文化石墙面，与铁艺材质的软装元素搭配得十分和谐

△ 文化石是乡村风格墙面最常见的装饰材料，适合表现粗犷复古的气质

04 施工与验收要点

✧ 在制作文化石背景墙时，要先设计好背景墙的样式，并估算文化石的铺贴方向。

✧ 在施工前，务必确认墙体的含水量是否适合施工，如果墙体太干燥，文化石会直接从砂浆和灰缝材料中吸水，这可能导致施工强度不足，从而引发文化石掉落的问题，因此在施工前，墙体以及文化石都要先进行一定的湿润处理，尽量采用粘贴剂进行铺贴。

✧ 文化石背景墙在铺贴前，应先在地面摆设一下预期的造型，调整整体的均衡性和美观度，例如，小块的石头要放在大块的石头旁边，每块石材之间颜色搭配要均衡等。如有需要，还可以提前将文化石切割成需要的样式，以达到最为完美的装饰效果。

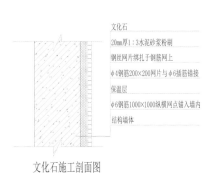

文化石
20mm厚1：3水泥砂浆粉刷
钢丝网片绑扎于钢筋网上
φ4钢筋200×200网片与φ6插筋锚接
保温层
φ6钢筋1000×1000纵横网点锚入墙内
结构墙体

文化石施工剖面图

△ 文化石堆砌的壁炉造型

不同墙面的铺贴方式

◁)) 基层为毛坯或水泥墙面

直接用专用粘贴剂贴砖，根据文化石的颜色采用不同颜色的粘贴剂和勾缝剂，白砖用灰白色，红砖用灰白色或黑色。

◁)) 基层为木板、石膏板等墙面

施工前需把光滑的表面刮花80%，然后用大理石胶或者热熔胶粘贴，建议两种胶配合使用，大理石胶涂中间，热熔胶涂四角。

△ 文化石在铺贴前应先在地面摆设预期的造型

大理石

01 材料的性能与特征

　　大理石是地壳中经过质变形成的石灰岩，其成分以碳酸钙为主，具有使用寿命长、不磁化、不变形、硬度高等优点，因早期我国云南大理地区的大理石质量最好，因此得名。

　　大理石的命名原则不一，有的以产地和颜色命名，如丹东绿、铁岭红等；有的以花纹和颜色命名，如啡网纹、黑金花；有的以花纹形象命名，如秋景、海浪；有的则延续了传统的名称，如汉白玉、晶墨玉等。在大理石的品质等级，可根据规格尺寸允许的偏差、平面度和角度允许的公差以及外观质量、表面光洁度等指标，将其分为 A 类、B 类、C 类、D 类四个等级。

❖　大理石不含有辐射物质且色泽艳丽、色彩丰富，被广泛用于室内墙面、地面的装饰中。

❖　大理石在耐磨性方面表现得非常良好，不易老化，其使用寿命一般在 50~80 年左右，同时具有不导电、不导磁、场位稳定等特性。

❖　大理石表面光泽度较高，经过抛光处理，就能够达到一定的镜面光泽，甚至能够照映出人物或者景象。但是因为大理石由不同的化学成分组成，所以光泽度也会存在一定的差异。

02 材料分类及选购常识

根据表面的颜色，大理石大致可分为白色系大理石（雅士白大理石、爵士白大理石、大花白大理石、雪花白大理石），米色系大理石（阿曼米黄大理石、金线米黄大理石、西班牙米黄大理石），灰色系大理石（帕斯高灰大理石、法国木纹灰大理石、云多拉灰大理石），黄色系大理石（雨林棕大理石、热带雨林大理石），绿色系大理石（大花绿大理石、雨林绿大理石），红色系大理石（橙皮红大理石、铁锈红大理石、圣罗兰大理石），咖啡色大理石（浅啡网纹大理石、深啡网纹大理石），黑色系大理石（黑白根大理石、黑木纹大理石、黑晶玉大理石、黑金沙大理石）八个系列。

种类		特点	参考价格（每平方米）
爵士白大理石		颜色具有纯净的质感，带有独特的山水纹路，有着良好的加工性和装饰性能	200~350 元
黑白根大理石		黑色质地的大理石带着白色的纹路，光泽度好，经久耐用，不易磨损	180~320 元
啡网纹大理石		分为深色、浅色、金色等几种，纹理强烈，具有复古感，价格相对较高	280~360 元
紫罗红大理石		底色为紫红，夹杂着纯白、翠绿的线条，形似传统国画中的梅枝招展，显得高雅大方	400~600 元
大花绿大理石		表面呈深绿色，带有白色条纹，特点是组织细密、坚实、耐风化、色彩鲜明	300~450 元
黑金花大理石		深啡色底带有金色花朵，有较高的抗压强度和良好的物理性能，易加工	200~430 元
金线米黄大理石		底色为米黄色，带有自然的金线纹路，用于地面时间久了容易变色，通常作为墙面装饰材料	140~300 元
莎安娜米黄大理石		底色为米黄色，带有白花，不含有辐射材料且色泽艳丽、色彩丰富，被广泛用于室内墙面、地面的装饰中	280~420 元

品质不同，大理石的价格自然也不同。一般，大理石的价格在 200 元 /m² 以上，质量上乘的大理石，经过简单加工，价格在 1000 元 /m² 左右。大理石的出厂地及出材率，对价格有较大的影响。

选购常识	
1	大理石最吸引人的是其花纹，选购时要考虑纹路的整体性，纹路颗粒越细致，代表品质越佳；若表面有裂缝，则表示日后有破裂的风险
2	可以在大理石的表面滴几滴墨水，如果很快出现渗透现象，就说明其质地较为疏松，最好不要选购
3	大理石光滑细腻，并且棱角分明，人造石经过加工后同样如此，如果在购买大理石时，触摸到的大理石结构粗糙，甚至有破裂，用指甲在表面划一下，产品会出现明显的痕迹，最好不要购买
4	不管是人造大理石还是天然大理石。如果背面有细小的毛孔，就说明质量比较差。一般，天然大理石不会出现这样的情况。人造大理石制造过程要经过加压、抽真空，一般情况下不会出现小毛孔的问题
5	在选购大理石产品时，还应检查其是否有 ISO 质量认证、质检报告，以及有无产品质保卡和相关防伪标志

03 材料应用注意事项

大理石不宜用作室外装饰，空气中的二氧化硫会与大理石中的碳酸钙发生反应，生成易溶于水的石膏，使表面失去光泽、粗糙多孔，从而降低装饰效果。

大理石属于中硬石材，应用于室内需要进行表面二次晶化处理。另外，一些浅色、容易受污染的石材在铺贴时应作相应防护处理。为了提高大理石的出材率，尽可能按照不同石材的大板规格设计尺寸比例，以降低损耗。建议大板切割前，先用大板真实高清照片做蒙太奇，以检查纹理衔接是否符合设计要求。

△ 大理石倒边工艺后的呈现效果

△ 天然大理石的纹理宛如一幅浑然天成的水墨山水画

04 施工与验收要点

✧ 为提高大理石的出材使用率，尽可能按照不同石材的大板规格设计尺寸比例，以降低损耗。

✧ 常见的大理石施工方式可分为干挂法和湿铺法。相对于湿铺法来说，干挂施工可以提高工效，减轻建筑的自重，克服了水泥砂浆对石材渗透的弊病等。

✧ 如果选用不锈钢挂件配合干挂胶进行固定的方式，石材厚度必须达到 30mm 以上才可以干挂。

✧ 由于大理石很脆弱，因此在施工时要避免硬物磕碰，否则出现凹坑会影响美观。

✧ 大理石属于中硬石材，应用于室内需要进行表面二次晶化处理。另外，一些浅色、容易受污染的石材在铺贴时应作相应防护处理。

✧ 人造大理石的表面一般都进行了封釉处理，所以平时不需要太多的保养，表面抗氧化的时间也很长。人造大理石的花纹大多数是相同的，所以在施工的时候可以采取抽缝铺贴的方式。

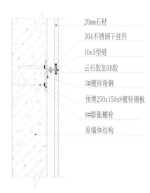

20mm石材
304不锈钢干挂件
10x5型缝
云石胶加AB胶
3#镀锌角钢
预埋250x150x8镀锌钢板
8#膨胀螺栓
原墙体结构

大理石施工剖面图

△ 以大理石为主材打造的餐厅背景墙

◁)) 大理石干挂施工流程

测量放线 → 石材排板放线 → 挑选石材 → 预排石材 → 打膨胀螺栓 → 安装钢骨架

安装调节片 → 石材开槽 → 石材固定 → 打胶 → 调整 → 成品保护

◁)) 大理石湿铺施工流程

基层处理 → 弹线 → 墙地面石材 → 擦缝 → 石材结晶 → 修理保护

微晶石

01 材料的性能与特征

　　微晶石是在高温作用下，经过特殊加工烧制而成的石材。其具有天然石材无法比拟的优势，例如内部结构均匀，抗压性好、耐磨损、不易出现细小裂纹。微晶石质地细腻，光泽度好，除了具有玉般的质感，还拥有丰富的色彩，尤以水晶白、米黄、浅灰、白麻四个色系最为流行。由于其属于微晶材质，对光线能产生柔和的反射效果。

❖　因为生产过程中使用玻璃基质，因此微晶石的表层晶莹剔透。

❖　微晶石作为化学性能稳定的无机质晶化材料，包含玻璃基质结构，其耐酸碱度、抗腐蚀性能都优于天然石材。

❖　微晶石的吸水率极低，几乎为零，不易浸透各种污秽浆泥、染色溶液，且依附于其表面的污物也很容易擦净。

❖　微晶石的强度不是很高，其表面的晶玉层莫氏硬度相比于抛光砖低了一两级。

❖　微晶石表层具有很高的光泽度，一旦被硬物划伤，很容易出现划痕，影响整体装饰效果。

02 材料分类及选购常识

　　根据原材料及制作工艺的不同，可以把微晶石分为通体微晶石、无孔微晶石及复合微晶石三类。

分类		特点
通体微晶石		通体微晶石又叫微晶玻璃，是以天然无机材料，采用特定的工艺，经高温烧结而成，是一种新型的高档装饰材料。具有无放射、不吸水、不腐蚀、不氧化、不褪色、无色差、强度高、光泽度高等特点
无孔微晶石		无孔微晶石是采用最新技术和最先进生产工艺制成的新型绿色环保产品。其多项理化指标均优于普通微晶石、天然石，也被称为人造汉白玉。无孔微晶石无气孔、不吸污，而且具有色泽纯正、不变色、无辐射、硬度高、耐酸碱、耐磨损等特性
复合微晶石		复合微晶石也称微晶玻璃陶瓷复合板。微晶玻璃陶瓷复合板厚度在13~18mm，光泽度一般大于95。复合微晶石有着色泽自然、晶莹通透、永不褪色、结构致密、晶体均匀、纹理清晰等特点，并且具有玉般的质感

选购常识		
1		在购买微晶石前要先确定好室内的整体装饰风格，然后选择图案、颜色相对应的微晶石，以免因选择错误造成较大的突兀感而达不到想要的装饰效果
2		在选购瓷砖的时候，通常都会使用敲击听声音、眼观以及拎起来掂量一下分量，或从侧面看其密度等多种方法来鉴别瓷砖的好坏，这些方法同样适用于微晶石的质量鉴别
3		注意观察微晶石表面的纹理是否清晰、渐变是否自然、层次是否分明等，同时可以通过轻划微晶石来鉴别其耐磨度
4		由于微晶石属于环保无辐射产品，因此在选购时要注意看该企业的环境标志认证，以及环保产品的检测报告文件等

03 材料应用注意事项

微晶石与天然石材不同，表面如果有破损就无法进行翻新打磨。微晶石的表面光泽度高，容易在切割时出现划痕，在磨边、切割、开孔时应注意保护好表面。微晶石会在温差大、水泥标号过高、辅料不良等情况下发生崩塌，因此在铺贴时必须留3~5mm缝隙以缓冲应力。填缝剂应使用具备良好弹性的密封胶类。

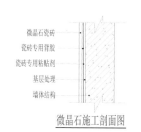

微晶石瓷砖
瓷砖专用背胶
瓷砖专用粘贴剂
基层处理
墙体结构

微晶石施工剖面图

△ 微晶石具有很多陶瓷产品不具备的优点，柔和的玉质感使天然石材更为晶莹柔润

04 施工与验收要点

❖ 微晶石的图案、风格非常丰富，因此施工时，其型号、色号和批次等要一致。

❖ 微晶石的铺贴造型一般用简约的横竖对缝法即可，建议绘制分割图纸并进行现场预演铺贴，先找到最合适的铺贴方案再进行施工。

❖ 由于微晶石瓷砖比较重，如果是大尺寸的规格，直接使用一般方法铺贴上墙，很可能会从墙上掉下来。因此建议调制混合胶浆（如使用 AB 胶 + 玻璃胶／云石胶混合）进行铺贴。这种混合胶浆不仅有很强的吸附力，也有一定的凝固时间，以便做粘贴调整。

❖ 无孔微晶石的硬度高、致密度高且较重，在搬运、摆放时都要小心轻放，底下要垫松软物料或用木条支撑，不能直接放在地面上，更不能让边角接触地面进行移动。同时，无孔微晶石的安装，有别于传统镶贴施工方法，因此最好选择专业的施工队伍进行施工。

马赛克

01 材料的性能与特征

　　马赛克又称锦砖或纸皮砖，发源于古希腊，具有防滑、耐磨、不吸水、耐酸碱、抗腐蚀、色彩丰富等特点。马赛克是呈现色彩变化的绝好载体，其所打造出的丰富图案不仅能在视觉上带来强烈的冲击，而且赋予了室内墙面全新的立体感，更重要的是，马赛克能根据业主的个性以及装饰需求，打造出独一无二的室内空间，也可以选择业主喜欢的图案进行个性定制。

◇　马赛克身材小巧，善于变化，可以适应不同弧度的表面铺贴。

◇　马赛克颜色图案丰富，色彩鲜艳，装饰性好。

◇　马赛克均采用纯天然原料制成，在加工过程中不添加任何有害物质，具有环保性。

◇　马赛克有着很长的使用寿命。其主要原料多为天然石材，它的耐磨性是瓷砖和木地板等装饰材料无法比拟的。

◇　马赛克最常用的位置莫过于卫浴间干区，可以只用作背景，也可以三面应用，颜色和图案可以根据整体风格选择。

◇　马赛克适合小面积使用，大面积铺贴容易使人产生视觉疲劳，并且造价不菲。

02 材料分类及选购常识

分类		特点
石材马赛克		石材马赛克是将天然石材开介、切割、打磨后手工粘贴而成的马赛克，是最古老和传统的马赛克品种。石材马赛克具有纯天然的质感，优美的纹理，能为室内空间带来自然、古朴、高雅的装饰效果。根据其处理工艺的不同，石材马赛克有亚光面和亮光面两种表面形态，在规格上有方形、条形、圆角形、圆形和不规则平面等种类
陶瓷马赛克		陶瓷马赛克是以陶瓷为材质制作而成的瓷砖。由于其防滑性能优良，因此常用于室内卫浴间、阳台、餐厅的墙面装饰。此外，有些陶瓷马赛克会将其表面打磨成不规则边，制作出岁月侵蚀的模样，以塑造历史感和自然感。这类马赛克既保留了陶的质朴厚重，又不乏瓷的细腻润泽
贝壳马赛克		贝壳马赛克原材料来源于深海或者人工养殖的贝壳，市面上常见的一般为人工养殖的贝壳做成的马赛克。贝壳马赛克选自贝壳色泽最好的部位，在灯光的照射下，能展现出极高品质的装饰效果。此外，贝壳马赛克没有辐射污染，并且装修后不会散发异味，因此是装饰室内墙面的理想材料
玻璃马赛克		玻璃马赛克又叫作玻璃锦砖或玻璃纸皮砖，是一种小规格的彩色饰面玻璃。玻璃马赛克一般由天然矿物质和玻璃粉制成，因此十分环保，而且具有耐酸碱、耐腐蚀、不褪色等特点，非常适合应用于卫浴间的墙面。玻璃马赛克单粒的常见规格主要有 20mm×20mm、30mm×30mm、40mm×40mm，其厚度一般在 4~6mm
金属马赛克		金属马赛克是由不同金属材料制成的一种特殊马赛克，分光面和亚光面两种。按材质又可分为不锈钢马赛克、铝塑板马赛克、铝合金马赛克。金属马赛克单粒的规格有 20mm×20mm、25mm×25mm、30mm×30mm 等，同一个规格可以变换成上百种品种，尺寸、厚度、颜色、板材、样式都可根据需要进行变换
树脂马赛克		树脂马赛克是一种新型环保装饰材料，在模仿木纹、金属、布纹、墙纸、皮纹等方面都惟妙惟肖，可以达到以假乱真的效果。此外，其形状上凹凸有致，能将丰富的图案表现出来，以达到其他材料难以表现的艺术效果

　　马赛克根据使用的材质不同，价格差别也非常大。普通的如玻璃马赛克、陶瓷马赛克价格在每平方米几十元不等，但是同样的材质根据纹理、图形个性设计的差别，价格又有高低差异。而一些高端材质如石材、贝壳等材料制成的马赛克价格一般每平方米高达几百元甚至上千不等。

选购常识		
1		在购买马赛克前要先确定好室内的整体装饰风格，然后选择图案、颜色相对应的马赛克，以免因选择错误造成较大的突兀感从而达不到想要的装饰效果
2		在选购瓷砖的时候，通常都会使用敲击听声音、眼观以及拎起来在手上掂量一下分量，或从侧面看其密度等多种方法来鉴别瓷砖的好坏，这些方法同样适用于马赛克的质量鉴别
3		低吸水率是保证马赛克持久耐用的重要因素之一，因此在选购时对马赛克的吸水率进行着重检验。可以把水滴到马赛克的背面，如果水滴往外溢，说明其品质较好；如果水滴往砖体内渗透，则说明吸水率过高，品质较差

03 材料应用注意事项

　　如果追求空间个性及装饰特色，则可以尝试将马赛克进行多色混合拼贴，或者拼出自己喜爱的背景图案，让空间充满时尚现代的气质。如果选择大面积拼花的马赛克图案作为造型，那么在家具选择上要尽量简洁明快，以防止视觉出现混乱。另外，作为局部墙面的装饰，马赛克跟墙面其他材质交接处要形成和谐的过渡，让整体室内空间显得更加完整统一。

　　空间面积的大小决定着马赛克图案的选择。通常，面积较大的空间宜选择色彩跳跃的大型马赛克拼贴图案；而面积较小的空间，则尽可能选择色彩淡雅的马赛克，这样可以避免小空间因出现过多颜色，而给人以过于拥挤的视觉感受。

△ 卫浴间中的马赛克拼花主题墙

△ 由墙面延伸至地面的马赛克铺贴造型

04 施工与验收要点

❖ 铺贴马赛克有两种方式，一种是胶粘，其具有操作便利的优点；另一种就是用水泥以及黏结剂铺贴，其最大的优点就是安装较为牢固，但需要注意选择适当颜色的水泥。

❖ 为了达到完美的装饰效果，在铺贴马赛克前必须将墙面处理平整，并且要对准直缝进行铺贴，如果线条不直，就会严重影响美观。

❖ 由于马赛克的密度比较高，吸水率低，而水泥的黏合效果没有马赛克专用胶粉好，铺贴后无法保证其牢固度，因此在铺贴马赛克的时候最好用专业的黏结剂，如果需要铺贴在木板打底的背景上，就只能用硅胶。

❖ 在铺贴马赛克 10 小时后，便可以开始进行填缝。填完缝后应用湿润的布擦净线条外的残留，注意不能用带有研磨剂的清洁剂、钢线刷或砂纸来清洁，通常用家用普通清洁剂洗去胶或污物即可。

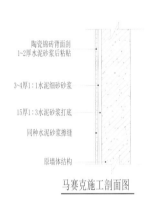

陶瓷锦砖背面刷
1~2厚水泥砂浆后粘贴

3~4厚1:1水泥细砂砂浆

15厚1:3水泥砂浆打底

同种水泥砂浆擦缝

原墙体结构

马赛克施工剖面图

△ 黑白色马赛克拼花的造型富有视觉冲击力

△ 马赛克是卫浴间墙面最为常见的装饰材料之一

马赛克的材质分类较多，在铺贴前应和专业厂商沟通，使用合适的黏结剂及填缝剂，以免造成施工质量及美观问题。装饰马赛克时要注意有序铺贴，施工时一般从阳角部位往两边展开，这样便于后期裁切，反之裁切起来就会很麻烦。此外还应注意尺寸的模数，因为马赛克本身属于体块小、不好切割的材质，所以尽量不要出现小于半块的切割现象。

拼花地砖

01 材料的性能与特征

在地面铺设地砖是现代家居常用的装饰手法。但单独铺设地砖容易给人以单调、清冷的感觉，特别是面积较大的空间。因此可以选择拼花地砖对地面进行装饰。简单又精致的拼花图案不仅装饰了地面，也可以提升整个空间的设计品位。此外，如果是开放式家居空间，还可以在不同的功能区地面设计不一样的拼花图案，以在视觉上形成分隔空间的效果。

✧ 拼花地砖是现代风格、欧式风格以及中式风格中常见的地面设计，其呈现出的装饰效果让人赞不绝口。

✧ 有些拼花呈现线性的美感，有的拼花呈菱形或圆形，极大地丰富了地面的装饰效果，同时还可以在视觉上增强地面的立体感。

✧ 木纹砖、仿古砖、抛晶砖、小花砖等，不管是一种颜色，采用不同铺贴方法，还是几种色彩组合而成，都能带给人一样的感觉。

02 材料分类及选购常识

	分类	特点
欧式拼花地砖		在欧式风格的空间中，地砖的拼花图案只有和房间的整体装饰风格相融合，才能将欧式风格客厅的典雅浪漫完美地呈现出来。欧式风格的地面适合选用线条柔美、色彩淡雅的拼花花纹
中式拼花地砖		拼花地砖是中式风格空间中最为常见的地面装饰材料之一。其拼花图案多以中式元素为主，如万字纹、回字纹等。优雅大方的拼花图案，可以为中式风格的家居空间打造出别具一格的艺术气质

03 材料应用注意事项

拼花地砖在休闲区、客厅以及玄关都会用到，为了让拼花具有很好的装饰效果，要求在设计的时候就应将拼花融入整个空间，使得拼花与地面上的家具、顶面的造型以及灯具都相呼应，这样，拼花才能起到真正的作用。

在简欧风格空间中，地面拼花不会太复杂，基本是几种常见的样式，如两种不同颜色地砖的菱形铺贴，在房屋四周设计波打线，或者围绕着沙发设计拼花造型以代替地毯等。

如果想要打破过道的沉寂，体现出一种活泼的跳跃感，就可以尝试运用拼花地砖与环境色彩形成强烈的对比，让别致的拼花图案成为过道空间的视觉中心。切记不要选择以微晶石为材质的石材拼花，因为使用久了，其表面容易产生划痕，不仅显眼而且难以修复。

△ 拼花地面打破狭长过道的单调感

△ 与顶面造型相呼应的地面拼花图案显得十分协调

△ 具有立体效果的拼花地面

04 施工与验收要点

✧ 拼花地砖施工的基本要点就是一定要提前设计好图纸，然后按照预先设计的方案铺贴，这样才能达到预期的效果。在拼接过程中，如果擅自改变设计要求，往往不会成功。

✧ 有些圆形的拼花难以施工，最简单的做法是在电脑上把大样放出来，然后按度数分割大样的方式进行铺贴，这样可以有效地减少铺贴的误差。

✧ 应在施工之前把家具的尺寸和位置确定好，根据平面的家具布置来设计地面拼花。

软包硬包

DECORATION DESIGN BOOK

软包

01 材料的性能与特征

软包是室内墙面常用的一种装饰材料，其表层分为布艺和皮革两种材质，可根据实际需求进行选择。软包能够柔化空间线条，提升室内空间的舒适感以及时尚感。而且无论配合镜面、墙纸还是乳胶漆，都能营造出大气又不失温馨的氛围。此外，软包还具有隔音阻燃、防潮防湿、防霉菌、防油污、防灰尘、防静电、防碰撞等多种优点。

✧ 在墙面使用布艺软包装饰，不仅能柔化室内空间的线条，降低室内的噪声，还能增强空间的舒适感。

✧ 软包的颜色和造型十分丰富，可以是跳跃的亮色，也可以是中性沉稳色；可以是方块铺设，也可以是菱形铺设。

✧ 在设计的时候除要考虑好软包本身的厚度和墙面打底的厚度外，还要考虑到相邻材质间的收口问题。

✧ 软包一般是模具压制出来的，不能根据尺寸定制，所以其价格一般按照块数进行计算，搭配使用的边条则按照平方数计算。

02 材料分类及选购常识

分类		特点
仿皮软包		在选择仿皮面料时，最好挑选亚光且质地柔软的类型，太过坚硬的仿皮面料容易产生裂纹或者出现脱皮的现象
真皮软包		真皮软包有保暖结实，使用寿命长等优点，常见的真皮皮料按照品质高低划分有黄牛皮、水牛皮、猪皮、羊皮等。需要注意的是，真皮有一定的收缩性，因此在做软包墙面的时候需要进行二次处理
皮雕软包		皮雕软包是用旋转刻刀及印花工具，利用皮革的延展性，在上面运用刻画、敲击、推拉、挤压等手法，制作出各种表情、深浅、远近等感觉。或在平面山水画上点缀以装饰图案的形状，使图案纹样在皮革表层呈现出浮雕的效果
刺绣软包		刺绣软包在通俗意义上是指利用现代科技和加工工艺，将刺绣工艺融入软包产品中，使之成为软包面料的层面装饰

制作皮雕软包时，皮质的选用相当重要。可以选用质地细密坚韧，不易变形的天然皮革进行制作。一般而言，牛皮具有细致的纹理和毛细孔，其柔软及强韧的特性，是皮雕材质的最佳选择之一，具有环保、无污染等特点。

	选购常识
1	注重软包材料的耐脏性。软包一般不能清洗，所以必须选择耐脏、防尘性良好的专业软包材料
2	注重软包材料的防火性。对软包面料及填塞材料的阻燃性能需要严格把关，达不到防火要求的，坚决不能使用
3	选择软包的款式和选择墙纸差不多，因为是作为底色和陪衬色彩，所以软包的色彩一定要比家具和电器的色调略微淡一些
4	可以选择带有花纹图案和纹理质感的软包。例如，较小的房间可以选用小型图案的软包面料，使图案因远近而产生明暗不同的变化

03 材料应用注意事项

选择软包的颜色时，应考虑到色彩对人的心理以及生理所产生的影响，如餐厅空间需要营造出愉悦的用餐气氛，可以搭配黄色、红色等材料；而卧室空间则可以使用白色、蓝色、青色、绿色的软包材料，使人的精神进入缓和松弛的状态。此外，可以选择带有一定花纹、图案和纹理质感的软包，使图案因远近不同而发生明暗变化。也可以根据不同墙面设计不一样的软包造型，这样不仅可以在视觉上扩大空间，而且能丰富室内的装饰效果。

在室内设计中，软包的运用非常广泛，对区域的限定也较小，如卧室床头背景墙、客厅沙发背景墙以及电视背景墙等。由于软包一般不能清洗，因此必须选择耐脏、防尘性良好的软包材料。此外，对软包面料及填塞材料的环保标准，也需要进行严格的把关。

△ 布艺软包与镜面组成的装饰背景，两者形成质感上的碰撞

△ 圆柱造型的软包比普通软包造型更具立体感

△ 布艺软包质地柔软，给人以温馨的视觉感受

04 施工与验收要点

✧ 软包施工前，对面料要进行认真挑选和核对，在同一场所应使用同一批面料，避免面层颜色，花纹等不一致。

✧ 软包饰面层材料在安装前要熨烫平整，在固定时，装饰布要绷紧、绷直，避免安装完毕后出现褶皱和起泡现象。

✧ 软包施工时要先在墙面上用木工板或九厘板打好基础，等到硬装结束，墙纸贴好后再安装软包。

✧ 一般软包的厚度在 3~5cm 左右，软包的底板最好选择 9mm 以上的多层板，尽量不要用杉木集成板或密度板，因为杉木集成板或密度板稳定性差，受气候影响比较容易起拱。

✧ 收口材料可以根据不同的风格以及自身的喜好进行选择，常见的有石材、不锈钢、画框线、木饰面、挂镜线、木线条等。

✧ 在预埋管线的时候，要提前计算好软包的分隔以及分块，并且不能在软包的接缝处预留插座，最少应保持 80mm 左右的距离。否则在后期施工的时候，会出现插座无法安装或者插座装不正的现象。

✧ 软包布面与压线条、踢脚板、电气盒等交接处应严密、顺直、无毛边。电器盒盖等开洞处的套割尺寸应准确。

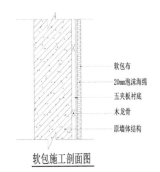

软包布
20mm泡沫海绵
五夹板衬底
木龙骨
原墙体结构

软包施工剖面图

施工方式	特点
气钉安装	使用蚊钉或直钉是目前最流行、最简单方便的方法，一般普通装修工人都可以安装。安装过程中也方便做微调使拼缝尽量完美。安装时注意把蚊钉打在每块软包自带的底板侧面，这样钉眼基本上在接缝里，不影响整体效果。简单、高效、低价，不失美观是气钉安装的优点
胶水安装	用硅胶安装比较牢固，也就是通常所说的玻璃胶。但是硅胶有慢干的特性，所以在安装的时候需要配合泡沫双面胶来使用。这种方法在微调时比气钉安装更麻烦，需要尽快作出判断。用胶水安装的方式相当牢固，只要不去刻意破坏就不会掉下来。但是如果其中一块软包被损坏，更换就比较麻烦
粘扣上墙	粘扣又叫子母扣、雌雄扣、魔术贴等。粘扣一面是塑料尖刺，另一面是带毛的底，就是衣服上常见的可以反复撕拉的扣子。粘扣上墙安装简单，不失为一种好的安装方法。动手能力强的人都可以胜任，成本也不高，方便拆卸。但是因为是柔性连接，在做微调时不够理想，所以装好以后，有时拼缝不够完美
磁力吸附	墙基上要加铺一层磁力白板的面板，或者用彩钢板来代替。这种安装方法从技术角度来讲是最完美的，方便微调，也方便拆卸，安装很牢固，使用周期长，但是安装成本较高

硬包

01 材料的性能与特征

　　硬包背景墙通常使用的材料为木工板或者高密度的中纤板，将其处理成需要的形状之后，再把板材的边做成45度的斜边，然后在其表面粘贴一层合适的布料或者墙纸材料。硬包跟软包的区别就是里面填充材料的厚度。此外，硬包还具有超强耐磨、保养方便、防水、隔音、绿色环保等特点。

❖　相对墙纸、软包、硅藻泥等墙面装饰材料来说，硬包的使用时间较长。

❖　硬包所使用的材质具有隔音功能，所以硬包背景墙的隔音性能非常好。

❖　硬包表面非常容易清理，用抹布轻轻擦拭即可，平时也不用进行特殊的保养。

❖　硬包不同于其他墙面装饰材料，它的环保指数很高，所使用的材质不含有甲醛等有害物质，对人体健康不会产生危害。

❖　硬包填充物较少，触感会比较坚硬，相较于软包缺少减震缓冲功能。

02 材料分类及选购常识

从硬包饰面的材质来说，常见的材质主要有真皮、海绵、绒布等，其中绒布材质因具有清洁方便、价格低、易更换等优点，因此应用较为广泛。

就造型而言，硬包除了常规、异形、超异形的形状，还有铜钉硬包、亚克力硬包、镶钛金条硬包、车线仿真皮硬包、艺术硬包、刺绣硬包、浮雕硬包、木雕硬包。

刺绣的针法丰富多彩，各有特色，常见的有齐针、套针、扎针、长短针、打子针、平金、戳沙等。近年来，随着人们对传统文化的重视程度越来越高，在室内设计中，刺绣被更加频繁和广泛地运用。比如，将精美的刺绣硬包装饰到墙面上，让室内空间彰显出细腻雅致的文化气息。通俗意义上，刺绣硬包是指利用现代科技和加工工艺，将刺绣工艺融入硬包产品中，使之成为硬包面料的层面装饰。

△ 刺绣硬包

△ 浮雕硬包

△ 绒布硬包

03 材料应用注意事项

　　不同的硬包装饰面料的宽幅是不同的，应注意硬包的宽度与所采用装饰面料的宽幅是否匹配，然后作出适当的尺度调整。比如，使用装饰墙布的宽幅为 1450mm，则硬包的宽度可以 ≤ 600mm，也可在 1000mm 左右，这样对墙布的损耗才最小。如果硬包采用 800mm 的宽幅，按一边留 50mm 的距离计算，包好硬包后，剩下的墙布宽为 550mm，如果这样，剩下的墙布就浪费了。

　　用皮革或织物布料制作硬包板时，应将布料绷紧，以免日后硬包板出现褶皱等现象。必要时可以在皮革或布料上涂刷胶水进行粘接，但胶水不能过多，且不能用酸性胶水，否则容易导致布料变色或变质。

△ 米色系硬包背景比较百搭，适合做多种风格的床头背景

△ 床头两边硬包分别加入铆钉装饰，形成一种对称的美感

△ 两种色彩的布艺硬包构成前后关系，增强床头背景立体感

△ 中式水墨山水图案的硬包背景显得意境悠远

△ 立体图案的硬包背景让空间氛围变得更加活跃

△ 花鸟图案的刺绣硬包景是中式空间常见的装饰背景

04 施工与验收要点

❖ 在安装之前，需要根据安装材料的不同，提前将相应的工具准备好，一般常见的有激光水平仪、卷尺、小型空压机、排钉枪以及直尺、美工刀等必备的工具。

❖ 想要装饰出好的硬包背景墙，最好先画出安装图纸，标记出每块硬包相对应的安装位置，以及在每块硬包背面标记出编号和安装方向。这样能够避免安装过程中出现误差，使施工的效果更加完美。

❖ 对于大面积硬包板或特殊的需要钉固定的部位，应尽量将枪钉置于接缝隐蔽部位，板材的正面尽量不要用枪钉固定，皮革硬包板严禁枪钉。因为使用枪钉容易起皱以及造成板材受力不均，且枪钉长时间会生锈，使面料表面形成锈点。

❖ 安装硬包背景墙的过程中，一般都是从中间位置向两边安装，要利用激光水平仪标记好中心的垂直线，保证安装准确。

❖ 通常，当做完软硬包饰面后，整体完成面包括基层的厚度大约为 50mm 左右。

❖ 当硬包材料基本完成时，还要根据整体的风格以及色彩选择相协调的成品镜框线，使得硬包背景墙和线条的搭配更加和谐。

◁》 硬包现场加工流程

整体放线、定位 ▸ 基层处理、龙骨、底板施工 ▸ 软、硬包区域弹线→现场制作内衬及预制镶嵌块施工 ▸

面层施工 ▸ 理边、修整 ▸ 成品保护 ▸

5
PART

第 五 章

玻璃镜面

DECORATION DESIGN BOOK

烤漆玻璃

01 材料的性能与特征

烤漆玻璃是一种极富表现力的装饰玻璃品种，可以通过喷涂、滚涂、丝网印刷或者淋涂等方式来表现外观效果。烤漆玻璃也叫背漆玻璃，分为平面烤漆玻璃和磨砂烤漆玻璃。它是在玻璃的背面喷漆，然后在 30~45℃ 的烤箱中烤 8~12 小时制作而成的玻璃。众所周知，油漆对人体有一定的危害性，因此烤漆玻璃在制作时一般会采用环保型原料和涂料，从而大大提升了品质与安全性。

❖ 因烤漆主要的制作方式就是在普通玻璃后背喷上一层涂料，所以烤漆玻璃的颜色多样，凡涂料可调的颜色都可以做出来。

❖ 制作烤漆玻璃一般采用自然晾干方式。不过自然晾干的漆面附着力比较小。

❖ 烤漆玻璃怕磕碰和刻画，一旦出现损坏就很难修补，要整体更换。

02 材料分类及选购常识

烤漆玻璃根据制作的方法不同，一般分为油漆喷涂玻璃和彩色釉面玻璃。彩色釉面玻璃又分为低温彩色釉面玻璃和高温彩色釉面玻璃。油漆喷涂的玻璃，刚用时色彩艳丽，多为单色或者用多层饱和色进行局部套色。烤漆玻璃常用在室内。若用在室外，经风吹、雨淋、日晒之后，其一般都会起皮、脱漆。在彩色釉面玻璃上可以避免以上问题，但低温彩色釉面玻璃会因为附着力问题出现划伤、掉色现象。

分类	特点
实色系列	色彩丰富，根据潘通色卡上的颜色任意调配
玉砂系列	彩色无手印蒙砂玻璃
金属系列	具有金色、银色、铜色及其他金属颜色效果
聚晶系列	浓与疏的效果展现不同的韵味
珠光系列	能展示出珠宝高贵而柔和的效果
半透明系列	主要应用于特殊装饰领域中，实现半透明、模糊效果

选购常识		
1	烤漆玻璃正面看色彩鲜艳、纯正、均匀。亮度佳、无明显色斑	
2	质量好的烤漆玻璃的背面漆膜十分光滑，没有或者很少有颗粒突起。没有漆面"流泪"的痕迹	
3	根据不同用途，烤漆玻璃选购的厚度有所区别。用于厨卫墙面的首选厚度为 5mm；若作为隔断或餐桌面。则建议选购 8~10mm 厚度的烤漆玻璃	
4	透明或摆设烤漆玻璃并不完全是纯色或透明的，而是带有些许绿光，所以要注意玻璃和背后漆底所形成的颜色，才能避免色差的产生	

△ 乳白色烤漆玻璃背景墙

△ 红色烤漆玻璃背景墙

△ 绿色烤漆玻璃隔断

03 材料应用注意事项

　　烤漆玻璃的应用比较广泛，可用于制作玻璃台面、玻璃形象墙、玻璃背景墙、衣柜门等。如果居室的自然光线不是很理想，在设计背景墙时，可以把具有反光效果的烤漆玻璃作为主材。烤漆玻璃除了在现代风格的室内环境中表现时尚感，也可根据需求定制图案后用于混搭风格和古典风格。

04 施工与验收要点

✧ 墙面烤漆玻璃安装完成后是无法再钻洞开孔的，因此必须文量插座、螺孔的位置，开孔完成后再整片安装。

✧ 安装厨房烤漆玻璃墙面时，如果墙面上已有抽油烟机，必须先拆除才能安装。因此要考虑安装顺序，先安装壁柜、烤漆玻璃，再安装油烟机、水龙头等。

✧ 粘贴柜面、门片烤漆玻璃时要保持表面干燥与清洁，先以甲苯等溶剂清洗，待干燥后再粘贴才更平整。

艺术玻璃

01 材料的性能与特征

艺术玻璃是指通过雕刻、彩色聚晶、物理暴冰、磨砂乳化、热熔、贴片等众多形式，让玻璃具有花纹、图案和色彩等效果。艺术玻璃的风格多种多样，作为室内装饰材料之一，在选购时，其颜色、图案和风格，都要与家中的整体风格一致，这样才能使整体的装饰效果更加完美。如地中海风格的空间，可选择蓝白色小碎花样的艺术玻璃装饰背景墙，不宜选用暗红色的艺术玻璃。

❧ 艺术玻璃的原材料主要为普通玻璃搭配铝材、五金等，绿色环保是其一大特点。

❧ 艺术玻璃的款式多样，具有其他材料没有的多变性。

❧ 艺术玻璃的折光系数高，同时具有透光性，因此使用时需要考虑光源的配合，这样才能令艺术玻璃充分展现出层次丰富的色彩。

❧ 艺术玻璃安装使用时无须玻璃胶，无须担心崩角、崩边、补片，没有太多有经验技术要求。

分类		特点	适用空间
LED 玻璃		是 LED 光源与玻璃完美结合的一种产品，突破了建筑装饰材料的传统概念。共有红、蓝、黄、绿、白五种颜色	多用于家居空间的隔墙装饰
压花玻璃		表面有花纹图案，可透光，但能遮挡视线，既具有透光不透明的特点，又有优良的装饰效果	主要用于门窗、室内间隔、卫浴间等处
雕刻玻璃		在玻璃上雕刻各种图案和文字，最深可以雕入玻璃1/2深度，立体感较强，可以做成通透的和不透的	适合别墅等豪华空间做隔断或墙面造型
夹层玻璃		安全性好。破碎时，玻璃碎片不零落飞散，只会产生辐射状裂纹，不伤人。抗冲击强度优于普通平板玻璃	多用于与室外接壤的门窗
镶嵌玻璃		可以将彩色图案的玻璃、雾面朦胧的玻璃、清晰剔透的玻璃任意组合，再用金属丝加以分隔	广泛应用于家庭装修中
彩绘玻璃		用特殊颜料直接着墨于玻璃上，或者在玻璃上喷画成各种图案再加上色彩制成的，可逼真地对原画进行复制，而且画膜附着力强，可反复擦洗	根据图案的不同，适用于家居装修的任意部位
砂面玻璃		由于表面粗糙，使光线产生漫射，透光而不透视，它可以使室内光线柔和而不刺目	常用于需要隐蔽的空间，如卫浴的门窗及隔断
冰花玻璃		装饰效果优于压花玻璃，给人以清新之感，是一种新型的室内装饰玻璃	可用于家庭装修中的门窗、隔断、屏风
砂雕玻璃		各类装饰艺术玻璃的基础，它是流行时间最长、艺术感染力最强的一种装饰玻璃，具有立体、生动的特点	可用于家庭装修中的门窗、隔断、屏风
水珠玻璃		也叫肌理玻璃，它跟砂面玻璃一样，使用周期长，可登大雅之堂	可用于家庭装修中的门窗、隔断、屏风

选购常识		
1	艺术玻璃的款式多样，具有其他材料没有的多变性。选购时最好选择经过钢化的艺术玻璃，或选购加厚的艺术玻璃，如10mm、12mm等，以降低破损概率	
2	艺术玻璃如需定制，一般需10~15天。定制的尺寸、样式的挑选空间很大，有时也没有完全相同的样品可供参考，因此最好到厂家挑选，找出类似的图案样品作参考，才不会出现想象与实际差别过大的状况	

△ 艺术玻璃在隔断空间的同时也是室内的一道风景线

03 材料应用注意事项

艺术玻璃根据工艺难度不同，价格悬殊。一般来说，100元/m²的艺术玻璃多是5mm厚批量生产的划片玻璃，不能钢化，图案简单重复，不宜作为主要点缀对象；主流的艺术玻璃价位在400~1000元/m²。

04 施工与验收要点

❖ 艺术玻璃多维立体，因此在安装时留框的空间要比一般玻璃略大一些，安装时才会较为顺利；另外，因其有更多的立体表现部分，因此在安装时要仔细检查，仔细观察每个立体部分有无破损，整体、边角是否完整。

❖ 艺术玻璃未经强化处理，所以装置地点最好固定，不要经常挪动，这样才能兼顾艺术设计与居家安全性。

钢化玻璃

01 材料的性能与特征

钢化玻璃是一种预应力玻璃。为了提高强度，钢化玻璃在制作的过程中会采取化学、物理等方法，在表面施加压应力。玻璃受到外力作用的时候，压应力与之相互抵消，从而能够成提高它的抗压能力，这种玻璃如果安装在高层建筑中能够抵御住大风、大雨的侵蚀，而且具有一定的冲击性，在很多场合被广泛应用。

❖ 钢化玻璃不易对人体造成伤害，当玻璃被外力破坏时，钢化玻璃碎片会形成类似蜂窝状的碎小钝角颗粒。

❖ 钢化玻璃的抗冲击强度是同等厚度的普通玻璃的 3 ~ 5 倍，钢化玻璃抗弯强度是普通玻璃的 3 ~ 5 倍。

❖ 钢化玻璃具有良好的热稳定性，可承受 200 ℃ 的温差变化。钢化玻璃能承受的温差是普通玻璃的 3 倍。

❖ 钢化玻璃强度虽然比普通玻璃高，但是钢化玻璃在温差变化大时有自爆的可能，而普通玻璃不存在自爆的可能。

❖ 钢化玻璃的表面会出现凹凸不平的现象，所以它不能够作为镜子使用。

02 材料分类及选购常识

钢化玻璃按形状分为平面钢化玻璃和曲面钢化玻璃。平面钢化玻璃厚度有 4mm、5mm、6mm、8mm、10mm、12mm、15mm、19mm 八种，曲面钢化玻璃厚度有 5mm、6mm、8mm 三种。

	选购常识
1	如果戴上偏光的太阳镜观看钢化玻璃，它的表面会呈现出彩色条纹；如果用肉眼在光线下从侧面看玻璃，钢化玻璃会有一点发蓝的光斑
2	用力摸钢化玻璃表面，会有凹凸的感觉，观察钢化玻璃较长的边，其有一定弧度，把两块较大的钢化玻璃靠在一起，弧度会更加明显
3	有条件的话，用开水对着钢化玻璃样品冲浇 5 分钟以上，可减少钢化玻璃自爆的概率
4	钢化后的玻璃不能进行切割后加工，因此玻璃只能在钢化前就加工至需要的形状，再进行钢化处理。若计划使用钢化玻璃，则要先测量好尺寸再购买，否则很容易造成浪费

03 材料应用注意事项

玻璃是透光性最好的装饰材料，其晶莹剔透的质感，可以显著提升家居空间的格调。将钢化玻璃作为隔断，既能分隔空间，而且不会阻碍光线在室内的传播，因此在一定程度在弥补了部分户型的采光缺陷，增强了家居空间的通透感。需要注意的是，由于玻璃材质的反光特性，因此在安装时，要充分考虑安装玻璃隔断的位置会不会造成光源与视线的冲突。

虽然推拉门的设计材料丰富，但钢化玻璃无疑是其中最受欢迎的材料，这种材料不仅可以让光线穿透，而且不妨碍视觉的延伸，还独具质感。

卫浴间在使用落地钢化玻璃时，首先要注意卫浴间内部与地板之间需要有高低差，一般控制在卫浴间比地板略低 3~5cm。其次，落地玻璃不能直接安装于铺贴的瓷砖上，需要将过门石埋于瓷砖下做过渡，防止卫浴间的水倒流至房间。最后，安装玻璃的过门石上最好预先留槽，以便后期直接镶嵌玻璃，使安装效果整齐美观。

△ 卫浴间中的玻璃隔断在实现干湿分区的同时，不会阻挡空间的光线流通

△ 玻璃隔断是小户型空间划分功能区的利器

△ 钢化玻璃隔断增强家居空间的通透感

04 施工与验收要点

❖ 钢化玻璃门在施工时需注意玻璃的安装尺寸应从安装位置的底部、中部到顶部进行测量，选择最小尺寸作为玻璃板宽度的切割尺寸。如果在上、中、下测得的尺寸一致，其玻璃宽度的裁割应比实测尺寸小3~5mm，玻璃板的高度方向裁割，应小于实测尺寸的 3~5mm。玻璃板裁割后，应将其四角做倒角处理，倒角宽度为 2mm，如若在现场自行倒角，应手握细砂轮块做缓慢细磨操作，防止崩边崩角。

❖ 安装钢化玻璃隔断墙时应在施工时根据设计需求将玻璃安装在小龙骨上，用压条安装时应先固定玻璃一侧的压条，并将橡胶垫垫在玻璃下方，再用压条将玻璃固定；用玻璃胶直接固定玻璃时，应将玻璃安装在小龙骨的预留槽内，然后用玻璃胶封闭固定。

> 在安装钢化玻璃隔断墙时，要注意防止施工过程中造成隔断被划而留下划痕，施工时要注意轻拿轻放，以免出现划痕或破裂。此外，在日常使用中，要保持干净整洁，不要往钢化玻璃隔断墙上悬挂重物，并定期清理表面。

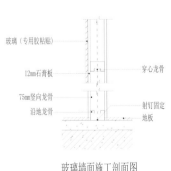

玻璃墙面施工剖面图

玻璃（专用胶粘贴）
12mm石膏板
75mm竖向龙骨
沿地龙骨
穿心龙骨
射钉固定
地板

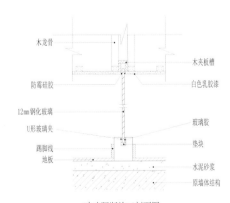

玻璃隔断施工剖面图

木龙骨
防霉硅胶
12mm钢化玻璃
U形玻璃夹
踢脚线
地板
木夹板槽
白色乳胶漆
玻璃胶
垫块
水泥砂浆
原墙体结构

镜面

01 材料的性能与特征

镜面玻璃又称磨光玻璃，是平板玻璃经过抛光后制成的玻璃，分单面磨光和双面磨光两种，表面平整光滑且有光泽。在室内墙面装饰中，镜面材料的装饰不仅能张扬个性，而且能体现出一种具有时代感的装饰美学。如果在室内空间的墙面安装镜面，应使用其他材料进行收口处理，以增强安全性和美观度。

层高有限的户型，可选择使用镜面吊顶来延伸视觉空间，增加家居空间的高度，缓解层高过低形成的压抑感。

镜面元素的使用可以带来丰富的装饰效果，但也容易扰乱视觉方向。因此，可以选择在室内的局部区域进行点缀，让其呈现出更为灵活生动的装饰效果。

✤ 镜面是用平板玻璃经过清洗、镀银、涂面层保护漆等工序而制成，分单面磨光和双面磨光两种，表面平整光滑且有光泽。

✤ 镜面玻璃具有影像清晰、逼真、抗雾、抗蒸汽的性能，多用于要求有影像的地方，如梳妆台、穿衣镜、卫生间等，通常也用作墙面、吊顶等装饰材料。

✤ 在面积较小的空间中，巧妙地在墙面上运用镜面材质，不仅能够利用光的折射增加空间采光，也能起到延伸视觉空间的作用。

✤ 在设计的时候不能将镜面对着光线入口处，以免产生眩光。

02 材料分类及选购常识

镜面按颜色又可分为茶镜、灰镜、黑镜、银镜、彩镜等，可根据色卡进行选择。此外，虽然镜面材质很硬，但是可以通过电脑雕刻出各种形状和花纹，因此可以根据自己的需要定制图案。

种类		特点	参考价格（每平方米）
茶镜		给人温暖的感觉，适合搭配木饰面板使用，可用于各种风格的室内空间中	约190~260元
灰镜		适合搭配金属使用，即使大面积使用也不会过于沉闷，适合现代风格的室内空间	约170~210元
黑镜		色泽给人以冷感，具有很强的个性，适合局部装饰于现代风格的室内空间中	约180~230元
银镜		用无色玻璃和水银镀成的镜子，在室内装饰中最为常用	约120~150元
彩镜		色彩种类多，包括红镜、紫镜、蓝镜、金镜等，但反射效果弱，适合局部点缀使用	约200~280元

	选购常识
1	查看镜面的表面是否平整、光滑、有光泽
2	镜面的透光率大于84%，厚度在4~6cm，选购时应确认是否达标
3	就浴室镜而言，为了避免银离子和空气中的水分起反应，而导致镜片有黑边、黑点，在银膜上面还要镀一层铜膜，在铜膜上面再铺一层底漆和面漆以加强保护，延长镜面的使用寿命
4	普通的镜面如果长时间放置在比较潮湿的地方会就会变得暗淡，甚至会出现生锈、脱落等现象，所以需重视镜子的防水防锈功能
5	应根据家居风格搭配镜面，比如椭圆形的镜面适用于欧式风格，方形的镜面比较适用于中式风格

03 材料应用注意事项

　　如果客厅面积不是很大，在墙面铺贴大块的镜面可以发挥很好的视觉调节作用。

　　从传统角度来说，在卧室中装饰镜面是较为忌讳的，不过在现代设计中只要位置得当也无伤大雅。但是，镜面最好不要对着床或房门，因为夜里起床，人在意识模糊的情况下，看到镜子反射出来的影像可能会受到惊吓。

　　在餐厅的背景墙上使用镜面进行装饰也是一种很好的设计手法，但如果餐厅面积为 8~12m² 左右，为其搭配的镜面尽量不要设计过多的造型，否则会让空间显得凌乱而繁杂。而如果餐厅空间相对较大，则可根据设计风格适当地搭配一些元素、图案来衬托镜面，以提升装饰效果。

　　在室内装饰中，镜面的高度尽量不要超过 2.4m，因为常规镜子的长度一般在 2.4m 以内，高于 2.4m 这个尺寸的镜面通常需要定制，而且也不太容易上楼，后期的搬运和安装存在一定的风险，且安装也相对比较麻烦。

△ 大块镜面有效扩大视觉空间

△ 车边镜显得更加立体

04 施工与验收要点

✧ 有的基层材料不适合直接粘贴镜面，包括轻钢龙骨架的天花板、发泡材质、硅酸钙粉及粉墙。

✧ 若直接将镜面粘贴在卫浴间的墙面上，则要特别注意基层的防水。

✧ 将镜面贴在柜子上时，若柜体表面使用了酸性涂料，会加速镜片的氧化，缩短使用年限。

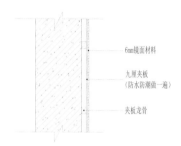

6mm镜面材料

九厘夹板
（防水防潮做一遍）

夹板龙骨

镜面材料施工剖面图

△ 餐厅空间的墙面运用镜面进行装饰，具有丰衣足食的美好寓意

△ 卧室墙上的镜面最好安装在床头两侧的位置，避免正对着床或房门

△ 客厅中安装大块的镜面可增加空间的开阔感，但应事先考虑好大尺寸镜面搬运上楼的问题

　　在施工的时候注意，一般镜面的背面要使用木工板或者多层板打底，最好不要使用石膏板打底。镜面安装一般都是用玻璃胶粘贴或者使用广告钉固定的，石膏板能够承载的重量较之木工板少，可能存在安全隐患。在镜面两边各加一圈线条，还可以让镜子和墙面之间形成一个过渡，使空间更富有层次感。

玻璃砖

01 材料的性能与特征

　　玻璃砖是用透明或者有颜色的玻璃压制成块的透明材料，有块状的实心玻璃砖，也有空心盒状的空心玻璃砖。在多数情况下，玻璃砖并不作为装饰材料使用，而是作为结构材料。在室内空间中将玻璃砖作为隔断，既能起到分隔功能区的作用，还可以增加室内的自然采光，同时又很好地保持了室内空间的完整性，让空间更有层次，使居住者的视野更为开阔。

◇　透明的玻璃砖拥有良好的透光性，可以将相邻空间里的光线导入，适用于光线不足的小空间。

◇　玻璃砖透光不透人。可以通过选择不同的清晰度和透明度，来决定私密程度。

◇　玻璃砖砌墙的隔音效果不错，可以使封闭的空间之间互不干扰。

◇　玻璃砖经过特殊加工后，内部处于真空状态，比双层玻璃的隔热效果更好。

02 材料分类及选购常识

　　玻璃砖种类主要有透明式、雾面式、纹路式，种类不同，透光率也不同。玻璃砖颜色的纯度会影响到整块砖的色泽，纯度越高，价格越高。

选购常识	
1	可以通过看玻璃砖色泽来判断产地：德国、意大利的玻璃砖细砂成分质量较佳，会带点淡绿色；印尼、捷克以及大部分国产玻璃砖则以无色居多，偏向家居玻璃的颜色
2	检查透光率，细看玻璃砖纹路是否细致、有无杂质，尤其不要忽略了周边灯光颜色的影响，玻璃砖在黄色灯光和白色灯光下会呈现不一样的效果
3	玻璃砖的外观不允许有裂纹，玻璃坯体中不允许有不透明的未熔物，不允许两个玻璃体之间的熔接及胶接不良
4	检查玻璃砖外观的平整度，看是否有气泡、划痕等明显的质量缺陷。存在这些缺陷的玻璃砖，后期使用中很可能会出现变形、稳定性差等情况

△ 利用玻璃砖隔断给原本没有自然采光的暗卫增加亮度

△ 彩色玻璃砖既具有很强的装饰效果，又可以让盥洗台区域的视野更为开阔

03 材料应用注意事项

透明的外形决定了玻璃砖非常百搭，和不同风格搭配起来效果都很好。素净的透明玻璃砖搭配白墙一定不会出错。如果大面积使用玻璃砖墙，再加上田字框架，看上去就像古时候的木框纸窗，气质素雅。

在家居空间中常将玻璃砖墙作为隔墙，这样既能分隔大空间，又保持了大空间的完整性；既达到遮挡效果，又能保持室内的通透感。另外，也可以将玻璃砖有规则地点缀于墙体之中，减弱墙体的死板、厚重质感，让人感觉整个墙体重量减轻。

04 施工与验收要点

✎ 施工前应该准备好所需要的材料。如玻璃砖、水泥、砂子、掺和料（石膏粉和胶黏剂等）、钢筋、丝毡、槽钢、金属型材框等。

✎ 把白水泥、细砂、建筑胶水、水按照 10∶10∶0.3∶3 的比例拌成砂浆。准备好需要安装的"+"型或"T"型定位支架。

✎ 用砂浆砌玻璃砖。自下而上，逐层叠加。砌完后，去除定位支架上多余的板块。

✎ 用腻刀勾缝，并去除多余的砂浆，及时用潮湿的抹布擦去玻璃砖上的砂浆。

玻璃砖可以直接用来砌墙，不需要别的材料搭框架，施工相对更为简单。如果玻璃砖的隔断大于15cm，需要在隔断中间加一根钢筋分摊受力。而且选择不同样式的玻璃砖，墙体根据需求打造，既可以做直、也可以做曲，玻璃砖不能进行切割，安装前要预留整块玻璃砖倍数的尺寸。为了避免损坏墙体结构，砌好的玻璃墙不能打孔，因为常见的空心玻璃砖无法固定悬挂物。

6 PART

第 六 章

板材线条

DECORATION DESIGN BOOK

密度板

01 材料的性能与特征

密度板也称纤维板，是以木质纤维或其他植物纤维为原料，施加脲醛树脂或其他适用的胶粘剂制成的人造板材。由于其拥有耐冲击、加工容易的特点，所以，密度板在国内外是比较受欢迎的良好材料。

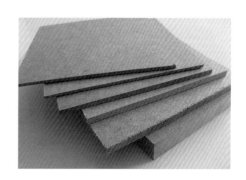

❖ 密度板的表面特别光滑平整，其材质非常细密，边缘特别牢固，性能相对稳定。

❖ 密度板很容易进行涂饰加工。各种涂料、油漆类均可均匀地涂在密度板上，是做油漆效果的首选基材。

❖ 各种木皮、胶纸薄膜、饰面板、轻金属薄板、三聚氰胺板等材料均可胶贴在密度板表面上，但耐潮性特别低，而且与刨花板相比，密度板的握钉力是比较差的。

❖ 密度板的强度不是特别高，因此很难对密度板进行再固定。

02 材料分类及选购常识

密度板材料按其密度的不同，分为高密度板、中密度板、低密度板。

分类	特点
高密度板	内部组织结构细密，具有密实的边缘，可以加工成各种异形的边缘，并且不必封边，直接涂饰即可获得较好的造型效果。另外，经过精细加工的高密度板的表面非常平滑，具有很好的稳定性
中密度板	中密度板一般用于制作家具，缺点是防水性较差
低密度板	低密度板的性能相对较差，而且容易因为受力而变形，柜子的背板可以采用这种板材来制作，其他一些不需要承重，仅仅起到一定程度的密封作用的部位也可使用

选购常识		
1	看密度板表面的清洁度，有没有明显的颗粒，有的话不仅会影响密度板的美观，还会使漆膜脱落	
2	由于密度板是胶粘制成的，所以尽量选择环保系数较高的 E1 级材料，甚至是 E0 级材料	
3	用手摸密度板的表面，看其是否光滑，较涩的密度板就不要选购了	
4	可以感受密度板的弹性，不要选太硬的密度板	

03 材料应用注意事项

通常，木花格很多种款式可适用不同的风格，基材有密度芯和实木芯等不同的板材，相比于密度板，实木更加自然生动，所以价格略高一些。密度板雕刻而成的白色花格不仅造型优美，而且价格也相对便宜。

密度板花格是将小直径的木材经过打磨、压碎之后加胶在高温下压制成的。由于密度板是由木粉挤压黏结而成，所以有着结构致密，加工简单，不易受潮变形，甲醛含量低等优点。如果能对雕刻剖面加以打磨，可以让雕花的侧面变得光滑，喷上漆之后会显得更加美观，同时更便于以后日常清洁。

△ 密度板雕花隔断

04 施工与验收要点

✎ 在用密度板做踢脚板、门套板、窗台板时应该六面都刷漆，这样才不会变形。

✎ 中密度板弯曲加工一般采用背面开槽的方法，槽底开至距表面约 2mm 处。槽的间隔可根据弯曲的曲率半径适当增减，外表面加一薄金属板，其目的是防止板在弯曲时中性层向外移，而使板表面产生龟裂。

杉木板

01 材料的性能与特征

　　杉木板又叫杉木集成板、杉木指接板，是利用短小板材通过指榫接长，拼宽合成的大幅面厚板材。它一般采用杉木作为基材，经过高温脱脂干燥、指接、拼板、砂光等工艺制作而成，不仅经久耐用、不生虫、不变形，还会散发出淡淡的木质清香。杉木板克服了有些板材使用大量胶水、粘接的工艺弊病，用胶量仅为木工板的 7/10，而且木纹清晰，自然大方，因此是一种非常环保的用材。

❖　杉木板的木纹清晰，自然大方，有回归大自然的自然朴实感。

❖　杉木板材质轻软，易干燥，收缩小，不翘裂，耐久性能好、易加工，胶接性能好。

❖　杉木板表面经过砂光定厚处理，平整光滑，制作家具时表面无须再贴面板，省工省料，经济实惠。

❖　杉木的木质不紧密，材质比较软，容易变形和开裂。处理不好的话容易出现不同程度的变形。

02 材料分类及选购常识

	选购常识
1	在选择杉木板时，要注意观察其厚薄宽度是否一致，板面是否平整，以及有无起翘等情况
2	看杉木板的纹理是否清晰，如刷了漆，还要观察油漆的质量
3	颜色也是鉴别杉木板品质的标准之一，质量好的杉木板的颜色一般较为鲜明，若色暗无光泽，则说明用于制作杉木板的原材料较差，或者工艺水准不达标
4	杉木板的价格主要取决于杉木原木的直径，木材直径越大，价格越高，使用的材料量越大

03 材料应用注意事项

　　很多人为了追求乡村原始的空间风格，常用杉木板装饰顶面空间。杉木板吊顶的装饰效果非常突出，能提升室内空间的自然美感。在色彩方面，杉木板吊顶主要分为浅木色系和深木色系两种，深木色系显得沉稳，浅木色系则显得更为清爽。

杉木木材本身的纹理比较清晰细腻，而做成家具的杉木在纹理上给人一种恬静柔和之感，在色调上，杉木板的颜色让人觉得十分温暖并且带有鲜丽的自然色调，充满自然情调。在杉木家具中看不到任何工业气息，有的只是纯粹的自然，使家居生活充分和自然环境融合在了一起。

△ 选择清漆工艺的杉木板吊顶

△ 利用杉木板制作的抽拉式储物地台

△ 选择木蜡油搓色的杉木板吊顶

04 施工与验收要点

❖ 在一些乡村风格的室内装饰中，经常出现杉木板制作的吊顶造型。杉木板吊顶先要在原顶面的基础上用木工板打一层底，这样能把顶面找平，然后再把杉木板安装在木工板上。

❖ 杉木板吊顶的形状排列可以根据空间的大小和造型来设计，安装好后刷漆时，可选择清漆保留杉木板原有的颜色，也可以擦上和整个空间颜色相协调的木蜡油。

❖ 用杉木板制作家具，前期包括开料、打磨、拼装、再打磨的过程。当家具打磨成型后，就开始进行油漆喷涂的处理，包括擦色、着底色、上好几遍底漆、上面漆等工艺。

细木工板

01 材料的性能与特征

细木工板又叫大芯板，是由两片单板中心胶压拼接木板而成，两个表面为胶贴木质单板的实心板材。中心木板是由木板方经烘干后，加工成一定标准的木条，由拼板机拼接而成。拼接后的木板双面各掩盖两层优质单板，再经冷、热压机胶压后制成。细木工板主要用于制作大衣柜、五屉柜、书柜、酒柜等各种板式家具。由于细木工板的加工工艺和设备不复杂，且细木工板比纤维板和刨花板更接近传统的木工加工工艺，因此广受欢迎。

✧ 细木工板握螺钉力好，强度高，具有质坚、吸声、绝热等特点。

✧ 细木工板比实木板材稳定性强，但怕潮湿，应避免在厨卫空间中使用。

✧ 由于内部为实木条，所以对加工设备的要求不高，方便现场施工。

✧ 机拼的细木工板板材受到的挤压力较大，缝隙极小，拼接平整，承重力均匀，适合长期使用，结构紧凑、不易变形。

02 材料分类及选购常识

细木工板可分为芯板条不胶拼的和胶拼的两种，按表面加工情况分为一面砂光和两面砂光。其轻质、耐久性好和易加工，并具有刨切薄木表面的特性，以及硬度高、尺寸稳定性好等特点。

选购常识	
1	细木工板的芯材多为杨木、松木、桐木、椴木和硬杂木。松木等树种的持钉力强，不易变形，而硬杂木不吃钉最好不要选择
2	优质的细木工板表面相对平整，一定不会出现翘边以及变形的情况，其中细木工板的芯条排列也非常整齐均匀，板材之间的缝隙非常小
3	如果细木工板的周边有补胶、比腻子的现象，说明内部一定有缝隙或浮泛。用尖嘴用具敲击板材表面，如果声音差异较大，就说明内部有浮泛
4	细木工板的含水率应不超过12%。优质细木工板采用机器烘干，含水率可达标，劣质板材的含水率常不达标

根据制作方式上，细木工板可分为手拼板和机拼板两种。手拼板是用人工将木条镶入夹层之中，这种板一般板芯木条排列不齐，缝隙大，多为下脚料，板面有凹凸，持钉力差，不宜锯切加工，一般只能整张应用于家庭装修的部分项目中，如做实木地板的垫层毛板等。机拼板的板芯排列均匀整齐，面层加压板，芯材结合紧密。

△ 细木工板常用来制作衣柜等板式家具

△ 采用细木工场制作的客厅储物柜

03 材料应用注意事项

细木工板在生产过程中需要使用尿醛胶，因此甲醛释放量较高，环保性普遍偏低，这也是大部分细木工板都有刺鼻味道的原因。在室内装饰中只能使用 E0 级或者 E1 级的细木工板。使用时要对不能进行饰面处理的细木工板进行净化和封闭处理，特别是背板、各种柜内板等，可使用甲醛封闭剂、甲醛封闭蜡等。

04 施工与验收要点

✧ 细木工板在施工时需要遵循垂直、水平、直角这三大原则，如果木工施工不注意这三点，不但成品的外观会受到影响，使用效果也会大打折扣。

✧ 细木工板的主要缺点是其竖向抗弯性能较差。当作为书柜等项目施工时，其大距离强度往往不能满足重量的要求，因而只能是缩小书架的间隔。

✧ 给细木工板刷漆时，如果工人不愿意用原子灰批腻子，也可以使用细一点的腻子粉来刮，但是注意施工时多掺点胶，让工人打磨到能透出板材才行。

欧松板

01 材料的性能与特征

欧松板是以小径木、间伐材、木芯为原料，通过专用设备加工成长40~100mm、宽5~20mm、厚0.3~0.7mm的长条刨片。所谓径木就是树木经过砍伐加工后形成的树段，而间伐材是指砍伐木材时不是一次砍伐完，而是分数次砍伐。松木就是符合以上特点的一种树木。而欧松木，顾名思义，就是用欧洲的松木经过加工制作形成的板材。

✧ 欧松板全部采用高级环保粘贴剂，甲醛释放量几乎为零，可以和天然木材相比，是市场上最高等级的装饰板材，也是真正的绿色环保建材。

✧ 欧松板本身坚固耐磨，防火防潮、耐高温，质量较轻。

✧ 欧松板的抗弯曲强度出色，具有极好的可塑性和加工性，可制成任意形状。

✧ 欧松板的颜色一般都是温润的木色，由于基色来自大自然，所以可以柔和地反射出周围环境的光线。

✧ 欧松板的光滑度不够好，因为是实木削片压制而成的，不同批次的欧松板花纹不同，平整度也不一样。

02 材料分类及选购常识

市场上的欧松板厚度有9mm、12mm、15mm和17mm等，长宽都是2440mm×1220mm，厚度不一样，价格也有所差异。

	选购常识
1	欧松板使用的是不释放游离甲醛的MDI胶，而非其他粘贴剂，成型后的板材游离甲醛释放量非常低，可与实木相媲美。挑选时，如板材甲醛释放量高，那么就不是优质的欧松板
2	优质的欧松板的刨片较大且呈一定方向排列，如表层刨片呈纵向排列，芯层刨片呈横向排列，这种纵横交错的排列，重组了木质纹理结构，彻底消除了木材内应力对加工的影响，使之具有非凡的易加工性和防潮性
3	选择欧松板要观察平整度，优质的欧松板表面比较平整，不会有明显凹凸
4	欧松板生产压力强度越高，密度越大，内部越不易有缝隙、裂痕、接头，内部结合强度极高，用手掂时有一定分量

△ 欧松板材料常用于工业风格空间中

03 材料应用注意事项

由于欧松板自带特有的木质纹理，因此可以直接用作装饰面材。一般来说，欧松板较适用于乡村风格的家居环境，同时在工业风格的空间中也较为常用。此外，自然简洁的现代风格和欧松板的搭配也可以带来意想不到的效果。

欧松板在室内装饰中的大量应用一般是作为橱柜的框架材料，即橱柜的内部全部采用欧松板制作，然后柜门选择实木材质、钢化玻璃等材料。用欧松板制作的橱柜，通常防潮效果很好，这主要得益于欧松板的板材构造。

04 施工与验收要点

✎ 欧松板在施工方法上与其他板材的差异不大，但在表面处理上稍有不同。如果喜欢欧松板本色，就可以作透明涂饰，也可以刷混油；欧松板表面如果是不砂光的，可用水性涂料、水性防火涂料和腻子，如果喜欢别的图案，可以做贴面处理，也可以直接贴防火板、装饰板及铝塑板，但不能贴木皮。

✎ 欧松板在侧面握钉时，应先用电钻打小孔，再上自攻钉。另外，建议欧松板都用实木收边。

护墙板

01 材料的性能与特征

护墙板主要由墙板、装饰柱、顶角线、踢脚线、腰线几部分组成，具有质轻、耐磨、抗冲击、降噪、施工简单、维护保养方便等优点，而且其装饰效果极为突出，常应用于欧式风格、美式风格等室内空间。在欧洲有着数百年历史的古堡及皇宫中，护墙板随处可见，其是高档装修的必选材料。

❖ 护墙板造型多样，装饰效果好，显得高端的同时使得墙面更加有层次感。

❖ 护墙板实用性非常强，具有防辐射和调节隔音的效果。

❖ 和其他装饰墙面材料相比，护墙板的环保性能更好，不管从原材料挑选还是制作工艺来讲，都是天然环保、无添加式加工，装修时无须油漆。

❖ 护墙板不适合小户型家装，因为小户型本身面积有限，再铺设护墙板会让空间变得更加拥挤和压抑。

❖ 护墙板的价格普遍比其他墙面装饰材料高很多，从几百到几千一平方米不等，主要根据材料而定。

02 材料分类及选购常识

随着时代的发展以及制作工艺的进步，护墙板的设计也越来越精美丰富，并且在室内装修中的运用也越来越广泛。根据尺寸与造型，护墙板可分为整墙板、墙裙、中空墙板。用于制作护墙板的材质很多种，其中以实木、密度板及石材最为常见。此外，还有采用新型材料制作而成的集成墙板。

△ 整墙板

△ 墙裙

△ 中空护墙板

选购常识	
1	质量好的护墙板产品，其表面饰材由于其硬度高，因此用小刀等刮划表面，不会出现明显的痕迹
2	护墙板的外观质量主要检测其仿真程度，品质好的护墙板，其表面图案制作逼真、加工规格统一、拼接自如，因此装饰效果也更为突出
3	护墙板的内在质量主要检测其板材的截面、硬度及基材与饰面粘接的牢固程度
4	如果选购的是拼装组合的护墙板，应看其钻孔处是否精致、整齐，连接件安装后是否牢固，并用手推动观察其是否有松动的现象

分类		特点
实木护墙板		实木护墙板选取不同于一般的实木复合板材，常用的板材有美国红橡、樱桃木、花梨木、胡桃木、橡胶木等。由于这些板材往往从整块木头上直接切割而来，因此其木质感非常厚重，自然的木质纹路精美耐看
密度板护墙板		非常适合作为室内护墙板的材质，但是要选择环保级别较高的板材作为基料进行加工，确保环保品质。此外，由于密度板耐潮性较差，因此要慎重选择其使用位置，而且要注意保持其干爽和清洁
大理石护墙板		一般运用在追求豪华大气的室内空间的墙面。大面积明快的大理石线条，搭配着原始石材的清晰花纹，不仅时尚大气，而且能让室内的视野更加宽阔
集成护墙板		相较于其他护墙板，集成护墙板的作用更倾向于装饰性。其表面不仅拥有墙纸、涂料所拥有的色彩和图案，还具有极为强烈的立体感，因此装饰效果十分出众

03 材料应用注意事项

护墙板一般可分为成品和现场制作两种，室内装饰使用的护墙板一般以成品居多，价格每平方米200元以上，价格较低的护墙板建议不要使用，会因为板材过薄而容易变形，并且可能环境污染。成品护墙板是在无尘房涂油漆，在安装的时候可能出现表面漆面破损现象，如果后期再进行补救的话，可能会有色差。现场制作的护墙板虽然容易修补，但是在漆面质感上却很难做到和成品一样。

△ 实木边框与墙纸结合的简欧风格护墙板

护墙板可以做到顶，也可以做半高的形式。半高的高度应根据整个空间的层高比例来确定，一般在 1~1.2m 左右。如果觉得整面墙满铺护墙板显得压抑，就可以采用实木边框，中间用素色墙纸做装饰，这样既美观又节省成本。同样，用乳胶漆、镜面、硅藻泥等材质都能达到很好的装饰效果。

护墙板的颜色可以根据居室大体的风格来定，以白色和褐色居多，也可以根据个性需求进行颜色定制。

△ 护墙板与室内家具形成同色系搭配，容易获得整体和谐的视觉效果

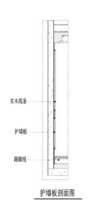

实木线条
护墙板
踢脚线

护墙板剖面图

04 施工与验收要点

❖ 首先需要测量墙面长度、宽度，根据护墙板尺寸，计算出所需护墙板的整数块，多余空间用护墙板拼板完成，拼板应分配在端部为宜。

❖ 很多木质护墙板都是成品，但是在厂方过来安装之前，要在墙面上用木工板或九厘板做好造型基层，然后把定制的护墙板安装上去，这样不仅能保证墙面的平整性，而且可以让室内空间的联系显得更为紧密。
　一般在做完木工板基层处理后，要预留出踢脚线的高度，安装完护墙后再把踢脚线直接贴在上面，踢脚线要压住护墙板，同时门套要选择带凹凸的厚线条，门套线略高于护墙板和踢脚线，这样的层次和收口更完美，这三者的关系要厘清。

❖ 护墙板的阴阳角，是施工的要点和难点，对其的要求比较高：阴阳角要水平、笔直，和对缝拼接为 45 度，尽量降低差错率。

木饰面板

01 材料的性能与特征

　　木饰面板是将木材切成一定厚度的薄片，黏附于胶合板表面，然后经过热压处理而成的墙面装饰材料。常见的木饰面板分为人造木饰面板和天然木饰面板，人造木饰面板纹理通直且图案有规则，而天然木饰面板纹理自然、图案无规则，且变异性比较大。此外，天然木饰面板不仅不易变形、抗冲击性好，而且结构细腻、纹理清晰，因此其装饰效果往往优于人工木饰面板。

◇　木饰面板保留了天然木材的色泽和纹理，具有独特的魅力和天然的韵味，表面有良好的触感。

◇　木饰面板具有较好的抗压强度和耐磨性，它的耐久性远高于其他人造板材。

◇　经过处理的木饰面板可以避免实木常出现的变形和开裂问题。

◇　木饰面板能随意拼接和切割，打破了实木在尺寸和花纹上的局限，能使花纹更完整，图案更有规律。

◇　木饰面板充分利用了木材资源，使用了胶合板和薄木贴皮，降低了生产成本，性价比极高。

02 材料分类及选购常识

分类		特点	价格（每张）
枫木		色泽白皙光亮，图形变化万千，有直纹、山纹、球纹、树榴等多种，花纹呈明显的水波纹或细条纹	280~360 元
橡木		具有比较鲜明的直纹或山形木纹，并且表面有着良好的质感，使人倍感亲近大自然	100~500 元
柚木		柚木饰面板色泽金黄，纹理线条优美。它分为柚木、泰柚两种，质地坚硬，细密耐久，涨缩率是木材中最小的一种	120~280 元
黑檀		黑檀木饰面板呈现黑褐色，具有光泽，表面变幻莫测的黑色花纹犹如名山大川、行云流水，具有很高的观赏价值	120~180 元
胡桃木		常见的有红胡桃木、黑胡桃木等，表面为从浅棕到深巧克力的渐变色，色泽优雅，纹理为精巧别致的大山纹	110~180 元
樱桃木		樱桃木饰面板木质细腻，颜色呈自然棕红色，装饰效果稳重典雅又不失温暖热烈，因此被称为"富贵木"	80~300 元
水曲柳		水曲柳饰面板是室内装饰中最常用的，分为水曲柳山纹和水曲柳直纹两种。表面呈黄白色，纹理直而较粗，耐磨抗冲击性好	70~280 元
沙比利		沙比利饰面板呈红褐色，木质纹理粗犷，制成直纹后，纹理有闪光感和立体感。按花纹可分为直纹沙比利、花纹沙比利、球形沙比利	70~400 元

选购常识	
1	注意观察木饰面板的表面色彩，优质的木饰面板色泽新鲜、均匀，而且有木材特有的光泽，不会出现色差等现象
2	选择木饰面板也要看贴面板的厚度，通常越厚的性能越好，油漆后实木感越真实，纹理越清晰，色泽鲜明、饱和度好。贴面板的厚薄鉴别方法很简单：看板的边缘有无沙透，板面有无渗胶、透度现象，如果存在上述问题，则面板皮较薄
3	购买木饰面板，也可以根据板面纹理的清晰度、表面色泽等来选择。如果表面的色泽不协调有损边，甚至有变色、发黑的情况，那说明产品质量不合格
4	看胶层有无透胶现象和板面污染，有无开胶现象，胶层结构是否良好稳定。单板和基材之间，基材内部各层之间不能出现鼓包和分层现象

03 材料应用注意事项

木饰面板的运用既能为室内空间营造自然温润的氛围，而且体现出室内设计内敛含蓄的气质。此外，由于其本身不仅有多种木纹理和颜色，而且有亚光、半亚光和高光之分，因此，在室内墙面铺贴木饰面板，装饰效果十分丰富。需要注意的是，在铺贴木饰面板时，应提前考虑室内后期软装饰的颜色、材质等因素，经过综合比较后再进行铺贴。

墙面使用有纹理的木饰面板要使用显纹漆，避免使用亮光漆，推荐使用纯亚光漆。因为亮光漆从不同的角度看，会产生不同的反光，容易造成视觉错乱，影响装饰效果。如果用水曲柳面板或者红橡面板，最好不要使用清水漆，更不要使用半亚光漆或者亮光漆。

△ 木饰面板拼花造型

△ 红棕色木饰面板常见于表现华丽气质的欧式风格空间

△ 木饰面板表面纹理的清晰度与色泽是区分其品质好坏的重要因素

04 施工与验收要点

❖ 为了防止变形，首先基层上要用木工板或者九厘板做平整，表面的处理尽量精细，不要有明显钉眼。

❖ 木饰面板上墙的时候要考虑纹理方向一致，最好是竖向铺贴，一方面，油漆上去不会出现很大的色差，另一方面可以让整个块面看起来纵深感十足。如果是清漆罩面，可以通过加调色剂来改变颜色。

❖ 可以运用成品定制木饰面，以避免因在现场刷油漆而有异味，但是对师傅的施工工艺要求较高，因为裁切和斗角都是一次性成型的。

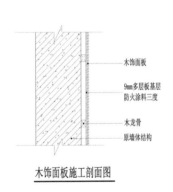

木饰面板

9mm多层板基层
防火涂料三度

木龙骨

原墙体结构

木饰面板施工剖面图

△ 保持木饰面板纹理方向一致的同时，最好采用竖向铺贴的方式

◁)) 木饰面板施工流程

基层处理 ➤ 弹线 ➤ 防潮层安装 ➤ 木龙骨安装 ➤ 基层板安装 ➤ 木饰面板安装 ➤

实木地板

01 材料的性能与特征

实木地板是天然木材经烘干、加工后形成的地面装饰材料，又名原木地板，是实木地板直接加工成的地板。它呈现出的天然原木纹理和色彩图案，给人以自然、柔和、富有亲和力的质感。

实木地板的油漆涂装基本保持了木材的本色韵味，色系较为单纯，大致可分为红色系、褐色系、黄色系，每个色系又分若干个不同色号，几乎可以与所有常见家具装饰面板相匹配。

❖ 实木地板取自天然木材，没有放射性，不含甲醛，因此对人体没有任何危害。

❖ 铺设好的实木地板具有很好的弹性，人在上面行走无论是温度、脚感都非常舒适柔和。

❖ 实木地板材质较硬，结构细密，导热系数低，一定程度上可以调节室内的温度和湿度。

❖ 实木地板由整块木料加工而成，现在市场上的实木地板厚度统一为 18mm，确保了其耐磨性。

❖ 由于实木地板的稳定性不够好，室内环境过于潮湿或干燥时容易出现起拱、翘曲和变形等问题。

02 材料分类及选购常识

实木地板根据材种可分为国产材地板和进口材地板。国产材常用的材种有桦木、水曲柳、柞木、枫木，进口材常用的材种有甘巴豆、印茄木、摘亚木、香脂木豆、蚁木、柚木、李叶苏木、二翅豆、四籽木、铁线子等。根据表面有无涂饰，可分为漆饰地板和素板，现在最常见的是 UV 漆漆饰地板；按铺装方式可分为榫接地板、平接地板、镶嵌地板等，现在最常见的是榫接地板。

不同品牌的实木地板价格是不同的，同一品牌，但是不同规格、材质、价格也不一样。原木木材树种对价格影响较大，如橡木地板价格高于桦木地板。

分类		特点
枫木		有一层淡淡的木质颜色，给人清爽、简洁的感觉；纹理交错，结构细而均匀，质轻而较硬
橡木		具有自然的纹理和良好的触感，质地坚硬且细密，因而防水性和耐磨性较强
柚木		纹理表现为优美的墨线和斑斓的油影，表面含有很重的油脂，这层油脂使地板有很好的稳定性，防磨、防腐、防虫蛀
重蚁木		世界上质地最密实的硬木之一，硬度是杉木的三倍。光泽强、纹理交错，具有深浅相间的条纹，艺术感强
花梨木		具有清晰的纹理，木地板表层有良好的质感。因黄梨木质地坚实牢固的天然属性，因此做成的花梨木地板使用年限长。但因为原料稀有，所以价格较贵
黑胡桃木		木纹美观大方，黑中带紫，典雅高贵。木纹比较深，要求透明底漆的填充性好、封闭性强
香脂木豆		最大的特点是天然的香味，纹理非常美观，在横纹、竖纹之中带着斑斑点点，仿佛是一幅后现代派的油画大作

选购常识	
1	观测地板的精度。开箱后的木地板取出10块左右，徒手拼装起来，观察地板的企口咬口、拼装间隙，以及相邻的地板间的高度差
2	观察地板截面，看板材纹路是否混乱；检查是否有死节、活节、开裂、腐朽、菌变等缺陷。由于实木地板为天然木制品，客观上存在色差和不均匀的现象，无须过分在意色差
3	国家标准规定木地板的含水率为8%~13%，由于地区差异，北方地区的地板含水率为12%，南方地区的含水率应控制在14%以内。一般，木地板的经销商店内应有含水率测定仪，购买时先测展厅中选定的木地板含水率，然后再测未开包装的同材种、同规格的木地板的含水率，如果相差±2%，可认为合格
4	建议选择中短长度的地板，不易变形，容易铺设，运输过程中也不怕损坏。过长或过宽的地板相对来说比较容易变形，在铺设时也会比较麻烦
5	有的厂家为促进销售，将木材冠以各式各样不符合木材学的美名。选购时一定不要为名称所惑，弄清木质，以免上当。同时也不要过于追求进口材料，国内树种繁多，许多地区的树种在质量和价格方面都优于同类进口树种

03 材料应用注意事项

中式风格地面通常选择红色、棕色等深色木地板，如花梨木、香脂木豆、柚木等。实木的质感让室内环境趋于祥和、舒适。

一般来说，乡村风格的卧室、书房地面常铺设木地板，特别是实木地板，其具有木材应有的自然色泽与肌理，能营造乡村风的温馨氛围。为了体现欧式风格的厚重感，通常会选择较深的实木地板，地板的纹理也会更加丰富。

实木地板铺设在欧式客厅比较少见，多铺设在卧室、书房等空间，主要是因为欧式家具的金属材质比较多，容易在实木地板上留下划痕。

△ 如果一个空间中出现多种木质材料，选择木地板时应注意与其他木质家具的色彩及表面木纹相呼应

在东南亚风格的空间里，非常注重地板纹理及色彩所带来的古朴质感。因此通常会在木地板的漆面上下功夫，一般不会将表面涂刷得过于明亮鲜艳，而是利用木地板本身自带的深棕色营造出不加修饰的粗犷感，以减少木地板的光泽度来营造自然古朴的质感。此外，在铺设了深色木地板的东南亚风格空间里，可以选择搭配一些颜色较为接近的家具，这样既以避免整体空间的色调搭配不协调，而且能提升家居装饰的美观度。

04 施工与验收要点

❖ 在安装实木地板前要确保地面平整、干燥、没有杂物。一般情况下，地板的安装要等到其他装饰工程完工以后才能进行，如果地面不平整就进行安装的话，就会使得一部分地板和龙骨出现悬空的现象，当人在上面踩踏时，就会发出声响。

❖ 在安装实木地板时，一定要注意查看龙骨是否干燥，一般情况下，经过干燥的木龙骨含水率在 25% 左右，而合格的木地板的含水率一般在 12% 左右，如果湿度相差太大，很容易导致木地板快速吸潮，时间一长就会出现地板起拱、漆面爆裂等现象。

❖ 实木地板随着环境温度、湿度的变化，会出现膨胀或收缩现象。所以实木地板拼装的松紧程度必须依据室内环境的温度高低来进行合理的安排，如果拼装得太松，随着地板的收缩就会出现较大的缝隙。如果拼装得太紧，地板膨胀的时候就会出现起拱现象。

△ 深色实木地板把中式风格古香古色的特征演绎得淋漓尽致

△ 东南亚风格空间常用木地板本身自带的深棕色营造出不加修饰的粗犷感

实木复合地板

01 材料的性能与特征

　　实木复合地板是由不同树种的板材交错层压成的，一定程度上克服了实木地板湿胀干缩的缺点，具有较好的尺寸稳定性，并保留了实木地板的自然木纹和舒适的脚感。实木复合地板有三层、五层和多层之分，其基本的特征是各层板材的纤维纵横交错。这样既抵消了木材的内应力，也改变了木材单向同性的特性，使地板变成各向同性，非常稳定。

◇　实木复合地板的表面用的都是高档木材，看起来和高档实木地板一样，稳定性比实木地板要好，适合有地暖的空间。

◇　由于结构独特，实木复合地板对木材的要求没那么高，且能充分利用材料，因此价格比实木地板低很多。

◇　实木复合地板通常幅面尺寸较大，且可以不加龙骨而直接进行安装，因而安装更加快捷，大大降低了安装成本和安装时间。

◇　由于表面为实木贴皮，因此和实木地板一样，耐磨性能比不上强化复合地板。

02 材料分类及选购常识

实木复合地板按面层材料可分为实木拼板作为面层的实木复合地板和单板作为面层的实木复合地板；按结构可分为三层结构实木复合地板和以胶合板为基材的多层实木复合地板；按表面有无涂饰可分为涂饰实木复合地板和未涂饰实木复合地板；按地板漆面工艺可分为表层原木皮实木复合地板和印花实木复合地板。

分类		特点
多层实木复合地板		以实木拼板或单板为面板，以胶合板为基材制成的地板，表面通常涂刷亚光漆或涂油
三层实木复合地板		以实木拼板或单板为面板，以实木拼板为芯层，以单板为底层的三层结构实木复合地板
涂饰实木复合地板		表面涂刷清漆或者混油漆的实木复合地板，其耐划性比较好
未涂饰实木复合地板		经过特殊的工艺处理，表面不再需要涂刷油漆的实木复合地板，其纹理的清晰度及美观度更高

	选购常识
1	实木复合地板表层的厚度决定其使用寿命，表层板材越厚，耐磨损的时间就长，欧洲实木复合地板的表层厚度一般要求在 4mm 以上
2	实木复合地板分为表、芯、底三层。表层为耐磨层，应选择质地坚硬、纹理美观的品种。芯层和底层为平衡缓冲层，应选用质地软、弹性好的品种，但最关键的一点是，芯层、底层的品种应一致，否则很难保证地板的结构相对稳定
3	实木复合地板的最大优点是加工精度高，因此，选择实木复合地板时，一定要仔细观察地板的拼接是否严密，两相邻板有无明显高低差
4	高档次的实木复合地板，应采用高级 UV 亚光漆，这种漆是经过紫外光固化的，其耐磨性能非常好，一般，家庭使用不必打蜡维护，使用十几年不需上漆。另外一个关键指标是亚光度，地板的光亮程度应柔和、典雅，对视觉无刺激
5	实木复合地板的胶合性能是该产品的重要质量指标，该指标的优劣直接影响使用功能和寿命。可将实木复合地板的小样品放在 70℃ 的热水中浸泡 2 小时，观察胶层是否开胶，如开胶则不宜购买

03 材料应用注意事项

实木复合地板的纹理多样，色彩也有多重选择，具体应根据家庭装饰面积的大小而定。例如，面积大或采光好的房间，用深色实木复合地板会使房间显得紧凑；面积小的房间，用浅色实木复合地板给人以开阔感，使房间显得明亮。

现代风格的家居空间在摒弃传统风格特点的同时，也融入了许多创新与追求，在地板的选择上也是如此。若是不喜欢强化木地板生硬的外观，但又觉得实木地板难以挑到合适的木纹与颜色，灵活度较高的实木复合地板是一种不错的选择。在颜色上可以选择淡黄色、浅咖色，以符合现代风格的空间特点，如若选择传统木的褐色，则应尽量选择木纹较浅的实木复合地板，以免破坏现代空间简洁素朴的风格。

△ 相较于实木地板，实木复合地板更节省费用和安装时间

△ 现代风格空间适合选择淡黄色、浅咖色之类的实木复合地板

04 施工与验收要点

直接胶粘法	将地板直接用胶粘剂粘在地面上，这种铺装方法可提高地板铺装后的整体稳定性，适用于地热地面的地板铺装。
龙骨铺装法	施工时须先作防潮、防虫处理，先撒防虫粉，再铺防潮膜。防潮膜要互叠 500px 以上，靠近墙基位置应铺到与踢脚板相适应的高度。
悬浮式安装法	连续铺装宽度方向不得超过 6m，长度方向不超过 15m。超过部分应加装过渡连接，相邻地板应预留伸缩缝隙，门口应隔断。

强化复合地板

01 材料的性能与特征

　　强化复合地板是使用中密度人造板或者高密度人造板经过模压、覆膜、裁边、裁接口等工序制造而成的地面装饰材料。强化复合地板一般由四层材料复合组成：底层、基材层、装饰层和耐磨层。其中，耐磨层的转数决定了强化复合地板的寿命。和传统的木地板相比较，强化木地板的表面一层是由较好的耐磨层组成的，所以具有较好的耐磨、抗压和抗冲击力、防火阻燃、抗化学物品污染的性能等。

❖ 强化复合地板的装饰层是由电脑模仿的，可以制作出各种类型的木材花纹，甚至可以制作出自然界没有的独特的图案。

❖ 强化复合地板的表面一般都进行涂漆处理，所以表面一般都比较光滑，不容易积存污垢，比较容易清理。

❖ 强化复合地板硬度较高，耐磨性好，铺装简易、方便，价格较低。

❖ 强化复合地板的缺点为水泡损坏后不可修复，且脚感较差。

02 材料分类及选购常识

强化复合地板从规格上分有标准的、宽板的和窄板的。标准的宽度一般为 191~195mm，长度在 1200mm 左右和 1300mm 左右；宽板的长度多为 1200mm，宽度为 295mm 左右；窄板的长度为 900~1000mm，宽度基本上在 100mm 左右。

从地板的特性上来看，分为有水晶面、浮雕面、锁扣、静音、防水等。水晶面基本上是平面，容易打理。浮雕面从正面看与水晶面没有区别，从侧面看，再用手摸，表面有木纹状花纹。

分类		特点	价格（每平方米）
平面强化复合地板		最常见的强化复合地板，即表面平整、无凹凸，有多种纹理可以选择	55~130 元
浮雕强化复合地板		地板的纹理清晰，凹凸质感强烈，与实木地板相比，其纹理更具规律性	80~180 元
拼花强化复合地板		有多种拼花样式，装饰效果精美，抗刮划性很高	120~130 元
布纹强化复合地板		地板的纹理像布艺纹理一样，是一种新兴的地板，具有较高的观赏性	80~165 元

	选购常识
1	耐磨转数是衡量强化复合地板质量的一项重要指标。一般而言，耐磨转数越高，地板使用的时间越长，强化复合地板的耐磨转数达到 1 万转为优等品，不足 1 万转的产品，在使用 1 ~ 3 年后可能出现不同程度的磨损
2	观察表面是否光洁。强化复合地板的表面一般分为沟槽型、麻面型和光滑型三种，本身无优劣之分，但都要求表面光洁、无毛刺
3	注意吸水后的膨胀率。此项指标在 3% 以内可视为合格，否则地板在遇到潮湿，或在湿度相对较高、周边密封不严的情况下，就会出现变形现象，影响正常使用
4	观察企口的拼装效果。可拿两块地板的样板拼装一下，看拼装后企口是否整齐、严密，若不整齐、严密会严重影响使用效果及功能
5	用手掂量地板重量。地板重量主要取决于其基材的密度。基材决定着地板的稳定性以及抗冲击性等诸项指标，因此基材越好，密度越高，地板也就越重

03 材料应用注意事项

强化复合地板从厚度上分有薄（8mm）、厚（12mm）两种。从环保性上来看，薄的比厚的好。因为薄的单位面积用的胶比较少。厚的密度不如薄的高，抗冲击能力差点，但脚感稍好点。

强化复合地板虽然有防潮层，但不宜用于浴室等潮湿的空间，为了追求装饰效果更佳，以及设计的多样性，可将空间地面设计成拼花的样式，强化复合地板具有多种拼花样式，可以满足多种设计要求。如常见的 ∨ 字形拼花木地板、方形拼花木地板等。

△ 强化复合地板价格实惠，耐磨性高，适用于装修预算不高的简约风格空间

△ 与木质沙发背景形成一体的强化复合地板地面

△ 面积小的房间铺满浅色强化复合地板给人以开阔感

04 施工与验收要点

❖ 铺装强化复合地板前，需要确保地面平整和干燥。地面的平整率需要达标，毛坯房地面一般做水泥地面找平处理。地面的含水率也要注意，如果含水率过高，需要做防潮处理。

❖ 在铺设强化复合地板前，需要在地面上垫一层地垫。一般，地垫需平整、不重叠地铺满整个铺设地面，接缝处应用胶带粘接严实。潮湿的地面及地热环境应在地垫下铺设防潮膜，其幅宽接缝处应重叠 200mm 以上并用胶带粘接严实，墙角处翻起与踢脚线相同的高度。

❖ 强化复合地板边缘一般是榫槽和榫舌搭配的锁扣结构，安装的时候，只要确保两种拼接紧密就好，而不需要用地板胶等粘接地板。

❖ 在地板和墙面间需要预留踢脚线的位置，一般用小木块夹在中间。安装完地板后，就可以取下小木块，安装踢脚线了。一般将踢脚线卡进预留缝内，然后用专用钉钉住。

竹木地板

01 材料的性能与特征

竹木地板以天然优质竹子为原料，经过二十几道工序，脱去竹子原浆汁，经高温高压拼压，再经过多层油漆，最后用红外线烘干而成。因其具有竹子的天然纹理，给人一种回归自然、高雅脱俗的感觉，十分适用于禅意家居和日式家居中。

❖ 竹木地板本身的导热性较低，既不生凉又不放热，所以它最大的特性就是冬暖夏凉。

❖ 竹木地板装饰性好，色泽丰富，纹理美观，装饰形式多样。

❖ 竹木地板有一定硬度，但又有一定弹性，绝热绝缘，隔音防潮，不易老化。

❖ 竹木地板虽然经干燥处理，但竹材是自然型材，所以还会随气候干湿度变化而产生变形。

❖ 竹木地板的材质较为薄弱，若是经过长期的浸水和日晒会出现分层，若是没保养好，极易出现蛀虫，从而影响使用寿命。

02 材料分类及选购常识

分类		特点	价格（每平方米）
平压实竹木地板		采用平压的施工工艺，使竹木地板更加坚固、耐划	150~280元
侧压实竹木地板		采用侧压的施工工艺，这类地板的优点在于接缝处更加牢固，不容易出现大的缝隙	130~250元
实竹中横板		竹木地板的一种，其内部构造工艺比较复杂，但不易变形，整体的平整度较高	80~200元
竹木复合地板		表面一层为竹木，下面则由复合板压制而成。	75~160元

竹子因为导热系数低，自身不生凉、放热，因此具有冬暖夏凉的特点。色差较小是竹木地板的一大特点。按照色彩划分，竹木地板可分为两种，一种是自然色，色差比木质地板小，具有丰富的竹纹，而且色彩匀称。自然色又可分为本色和碳化色，本色以清漆处理表面，采用竹子最基本的色彩，亮丽明快；碳化色平和高雅，其实是竹子经过烘焙制成的，在凝重沉稳中依然可见清晰的竹纹。另一种是人工上漆色，漆料可调配成各种色彩，不过竹纹不再明显。

选购常识	
1	观察竹木地板的表面漆层有无气泡，是否清新亮丽，竹节是否太黑，表面有无胶线，然后看四周有无裂缝，有无刮腻子的痕迹，是否干净整洁等
2	要注意竹木地板是否是六面淋漆，由于竹木地板是绿色自然产品，表面带有毛细孔，会因吸潮而变形，所以必须将四周、底、表面全部淋漆
3	竹子的年龄并非越大越好，最好的竹材年龄为 4~6 年，4 年以下的尚未成材，竹质太嫩；年龄超过 9 年的竹子就老了，老毛竹皮太厚，质地较脆
4	可用手拿起一块竹木地板观察，若拿在手中感觉较轻，说明采用的是嫩竹，或其纹理模糊不清，说明此竹材不新鲜

03 材料应用注意事项

竹木地板的价格差异较大，300~1200 元 /m^2 的皆有。部分花色如菱形图案，是将条纹以倾斜角度呈现，会产生较多的损料，因此价格昂贵，约 1200 元 /m^2。加工程度越深，各方面性能越好，竹木地板价格越高。比如，碳化竹木地板价格高于本色竹木地板。

一般来说，一切通风干燥、便于维护的室内场所均可使用竹木地板。一般不适宜使用竹木地板的地方有防潮处理不好的楼房底层及地下室、经常接触水的地面、大型室内公共场所、公共通道等。

04 施工与验收要点

✎ 竹木地板的拼装一般采用错位法，即将两端榫槽的结合缝与相邻竹木地板的互相错开，而与相隔的结合缝处于同一条直线上。这类似于砌砖墙时采用的方法。这种拼装法，能够使结合缝均匀分布在平面上，增加平面的立体层次感。

✎ 施工时先装好地板，后安装踢脚板。使用 1.5cm 厚的竹木地板做踢脚板，安全缝内不留任何杂物，以免地板无法伸缩。

✎ 卫浴、厨房和阳台与竹木地板的连接处应做好防水隔离处理；另外，竹木地板安装完毕后 12 小时内不可踏踩。

亚麻地板

01 材料的性能与特征

亚麻地板是一种特殊的地面装饰材料，与大理石、瓷砖相比，它具有弹性，属于弹性地材中的一种。天然环保是亚麻地板最突出的特点，产品生产过程中不添加任何增塑剂、稳定剂等化学添加剂，并且具有良好的耐烟蒂性能。亚麻地板以卷材为主，是单一的同质透心结构。

✧ 亚麻地板用纯天然材质制成，它的主要成分是亚麻籽油、松香、石灰石粉等，在一定程度上保证了环保性。

✧ 亚麻地板很薄，热能在传递过程中损耗小，能高效发挥地面的供暖效果。

✧ 亚麻地板受热不会变形、老化，更不会释放有毒有害气体。

✧ 亚麻地板在温度低的环境下会断裂，并且不防潮。

02 材料分类及选购常识

亚麻地板采用了 100 多年前的古老配方和物理加工工艺，是由亚麻籽油、松香、木粉、石灰石、颜料、黄麻纤维六种天然原材料经物理方法加工而成的。

分类	特点
亚麻籽油	从亚麻籽中榨取，是亚麻地板最为重要的原材料，亚麻地板的名称也来源于此
松香	取自松树，所使用的提取方法不会危害松树的生长。作为亚麻地板的黏结剂，与亚麻籽油一起，赋予亚麻地板独特的强度及韧性
木粉	木粉之所以被使用在亚麻地板中，是由于它有独特的吸附颜料的特性，它给予亚麻地板美丽的色彩并确保其具有长久的色牢度。精细碾磨后的木粉还能提供特别平滑的表面，使亚麻地板非常容易清洁
石灰石	遍布全球，有着巨大的储量，经精细研磨后的石灰石粉是生产亚麻地板的重要原料
颜料	亚麻地板亮丽、美观的色彩是由环保有机颜料创造出来的，所使用的颜料不含重金属（如铅或镉）或者其他有害物质，而且对环境没有任何影响
黄麻纤维	用生长在印度和孟加拉国的黄麻植物纺成，首选它作为亚麻地板的背衬是因为它是天然材质

选购常识	
1	观察亚麻地板的表层木面颗粒是否细腻，可以将清水倒在地板上判断其吸水性
2	用鼻子闻亚麻地板是否有怪味，因为亚麻地板的材料是天然的，如果有怪味的话，则说明不是好的地板

03 材料应用注意事项

亚麻地板以卷材为主，是单一的同质透心结构，花纹和色彩由表及里纵贯如一。其施工费用主要包括以下几部分：面材、胶水、2~5mm厚自流平基层处理、人工费，其中面材为最重要部分。目前，市场上亚麻地板价格和质量参差不齐，一般约为 100~400 元 /m^2，而价格与品牌、总厚度、耐磨层厚度等因素都有很大关系，应根据亚麻地板在不同空间使用的分级标准，选用合适的产品。

亚麻地板表面多孔，不适于有洁净要求的空间，室内温度过低的情况下，亚麻地板容易断裂。

△ 亚麻地板适用于儿童房空间

04 施工与验收要点

✧ 表面平整，用 2m 直尺检查，其表面凹凸度不应大于 2mm。若基层不平，易使面层贴后呈波浪形、出现翘边、空鼓现象。另外，胶黏剂中有杂质小颗粒，也会使面层局部拱起，造成表面不平。

✧ 铺贴时基层含水率不应大于 3%。当基层含水率大于 3% 时，铺贴的弹性地材面层容易空鼓。因此，用水泥拌和物铺设的基层，施工结束后要按要求进行养护，并应加强通风。首层应设置隔离层进行防潮，普通混凝土地面不能满足其防潮要求，应在混凝土垫层上增设防潮层。

✧ 由于基层施工日期与弹性地材面层的铺贴总要相差一段时间，中间难免踩踏，或有其他物品堆放、散落。因此面层铺贴前，应认真进行处理，如有油脂等杂质，应用火烤或用碱水洗擦。

✧ 基层表面应坚硬、光洁，不应粗糙、起砂。基层表面光滑则黏结力较大。这是因为粗糙的表面形成很多细孔隙，刮胶剂时，不但增加了胶黏剂用量，而且厚薄也不均匀。粘贴后，由于细孔隙内胶黏剂较多，其中分散性气体继续散发，当积聚到一定程度后，就会在粘贴的薄弱部位出现板面起鼓或边角翘起的现象。

拼花木地板

01 材料的性能与特征

拼花木地板是采用同一树种的多块地板木材，按照一定图案拼接而成的地板材料，其图案丰富多样，并且具有一定的艺术性或规律性，有的图案甚至需要几十种不同的木材进行拼接，制作工艺十分复杂。拼花木地板的板材多选用水曲柳、核桃木、榆木、槐木、枫木、柚木、黑胡桃等质地优良、不易腐朽开裂的硬杂木材，其具有易清洁、经久耐用、无毒无味、防静电、价格适中等特点。

❖ 拼花木地板的图案呈方形或其他图形，具有一定的艺术性或规律性，可使房间整体更具美感。

❖ 拼花木地板是通过激光将地板划开，再按照既定的花纹用手工将其拼接而成的，这导致拼花地板的价格偏高。

❖ 拼花木地板可延伸视觉效果，因其结构特殊，不仅使空间更美观整洁，而且使视觉更加开阔。

❖ 拼花木地板铺装过程复杂，安装工艺要求较严格，比普通安装更加费工、费时。另外，地板损耗也比较大。

02 材料分类及选购常识

根据结构不同，拼花木地板可以分为实木拼花地板、复合拼花地板、多层实木拼花地板等。按表面工艺的差异则可分为直线拼花、曲线拼花、镶嵌式拼花地板等。

选购常识	
1	质量好的拼花木地板花色比较纯正，而质量不好的拼花木地板花色比较杂，所以在挑选的时候，要注意观察花色，以防出现颜色不均的现象
2	质量好的拼花木地板厚度均匀，而质量不好的拼花木地板，厚度有差距。挑选时要注意厚度检查，避免买到不耐用的地板
3	购买拼花木地板时先确定数量，一般 $20m^2$ 地面的拼花木地板的用量应比实际铺设的面积增加 $1\sim1.5m^2$，以留出拼制图案的损耗余地

分类		特点
直线拼花 木地板		直线拼花木地板是用剪切好的木片直接拼接造型，根据不同木材的颜色、纹路，拼出多种造型，具有精致多彩的装饰效果。直线拼花木地板适合在面积较大的空间里使用
曲线拼花 木地板		曲线拼花是运用电脑雕刻技术，预先在电脑中设计出拼花造型，再用电脑雕刻出精细花纹的地板。曲线拼花造型复杂，美丽多变，非常适合室内进行小面积铺设，而且可搭配常规地板进行铺设，显得雍容典雅、富贵大方
镶嵌式 拼花木地板		镶嵌式拼花木地板由不同材质、不同颜色的木皮，按照一定的图案拼接而成。这些图案风格各异，或对称，或抽象，立体感十足。镶嵌式拼花木地板以精致的外表、细腻的表达方式，以及独特的装饰效果大大提高了家居空间的设计品位

03 材料应用注意事项

极具装饰感的拼花木地板改变了传统木地板给人的呆板印象。因拼花木地板的外形富有艺术感，而且可以根据自己的需求设计图案，颇具个性，因此非常适合运用在追求装饰效果的家居空间中。目前，市场上以规格为 450mm × 450mm × 15mm、600mm × 600mm × 15mm 的拼花地板为主。

如果空间的面积较大，可以在客厅的电视柜前、卧室的床前、餐厅正中及玄关等多处，铺装同一系列单片或组合拼花木地板。这样既能呼应家居风格，也能让空间显得雅致灵动。而对于一些面积较小的居室来说，可以选择在相对开阔和吸引眼球的位置，铺装单片或一组拼花地板，为家居装饰起到画龙点睛的作用。

△ 拼花木地板的图案通常具有一定的艺术性或规律性

△ 木地板与石材混搭拼花

04 施工与验收要点

人字拼花　人字拼花是经典样式，因使地板曲折分布呈"人"字形而得名，有着很强的立体感。人字拼花由于地板颜色的不用会呈现出不同的效果，浅色木地板更加简单大方，而深色木地板更具复古感。

鱼骨拼花　鱼骨拼花跟人字拼花最大的区别是单元块的形状。菱形单元的称为鱼骨纹，而矩形单元的则称为人字纹。

对角拼花　对角拼花有放大空间的视觉效果，仅仅是方向的改变，就让它们在纵向空间里产生了不小的区别。这种拼花方法非常适用于小户型或户型不规则的居室。

方形拼花　正方形拼花对空间的适应能力很强，方块与方块紧密连接，使一种严谨的美感在空间爆发。

△ 人字拼花

△ 方形拼花

△ 鱼骨拼花

　　在施工时，普通木地板铺装时要从屋子的一端开始铺，而拼花木地板在铺装时需先用地面两条对角线交叉来找出中心点，从中间开始向四周铺装。到了边缘处，用同色或相近色的板材来进行衬托和收边，使得整个居室地面呈现出一个完整的图案。

木线条

01 材料的性能与特征

　　木线条是选用质硬、耐磨、耐腐蚀、切面光滑、黏结性好、钉着力强的木材，经过干燥处理后，用机械加工或手工加工而成的室内装饰材料。常用的木材有白木、栓木、枫木和橡木等。木线条可用作各种门套的收口、天花角线、墙面装饰造型线条等。

◇　木线条具有一定的装饰性，如果墙角或家具边角有一些瑕疵、磕碰等，可以用木线条遮挡，以增强美观性。

◇　木线条具有固定作用，如可以对门套起到固定作用，避免门套在使用中出现脱落等现象。

◇　木线条的标准很多，其中常见的中木方木线条的标准是 30mm×50mm，这个标准是指木线条的长和宽。

⑩ 材料分类及选购常识

木线条从形态上一般分为平板线条、圆角线条、槽板线条等。从材料上又分为实木线条和复合线条。实木线条纹理自然、浑厚，若用名贵木材，成本较高。制作实木线条的主要树种有柚木、山毛榉、白木、水曲柳等。复合线条是以纤维密度板为基材，表面经过贴塑、喷涂形成丰富的色彩及纹理。

△ 清油木线条

从表面油漆方式上，木线条分为清油和混油两类。清油木线条对材质要求较高，市场售价也较高。目前市面上常见的清油木线条有黑胡桃、沙比利、红胡桃、红樱桃、曲柳、泰柚、榉木等。混油木线条对材质要求相对较低，市场售价也比较低，主要有椴木、杨木、白木、松木等材质的木线条。

△ 混油木线条

选购常识	
1	选购本线条时需要了解所使用的宽度和长度，在选购之前最好请木工测量一下，以免造成不必要的浪费
2	木线条分为未上漆木线条和上漆木线条。选购未上漆木线条应先看整根木线条是否光洁、平实，手感是否顺滑，有无毛刺。选购上漆木线条可以仔细观察漆面的光洁度，上漆是否均匀，色度是否统一，有否色差、变色等现象
3	季节不同，购买木线条时也要注意。夏季时，尽量不要在下雨或雨后一两天内购买。冬季时，木线条在室温下会脱水收缩变形，购买时尺寸要略宽于所需木线宽度

⑩ 材料应用注意事项

木线条上的棱角和棱边、弧面和弧线，既挺直又轮廓分明。若将木线条漆成彩色，或进行对接拼接，弯曲成各种弧度，不仅极大地提升了墙面的装饰效果，还间接为背景进行了完美的收口。

如果想在新中式风格的顶面空间设计多层吊顶，可以利用木线条进行收边，并在顶面设置暗藏灯光装饰，这样的设计能在视觉上增强顶面空间的层次感。如吊顶面积较大，还可以在吊顶中央的平顶部位安装木线条，这样不仅有良好的装饰效果，而且能避免因顶面空间大面积的空白带来的空洞感。

△ 用简洁的木线条勾勒造型是新中式风格吊顶常用的设计手法

△ 刷白的木线条造型打破了大面积白色的单调感，给床头背景制造变化

04 施工与验收要点

❖ 如果使用木线条装饰墙面，可进行局部或整体设计，可以搭配的造型十分丰富，如做成装饰框或按序密排。

❖ 在墙上安装木线条时，可使用钉装法与粘合法。施工时应注意设计图样制作尺寸正确无误，弹线清晰，以保证安装位置准确。

❖ 最好就是用胶粘固定木线条，以增强牢固性，如果用钉接则最好用射钉枪，安装要精准，还要注意保持美观，不能有太多钉眼，或者钉在木条凹槽、背视线面一侧。

△ 木线条密排造型

△ 木线条装饰框

石膏线条

01 材料的性能与特征

石膏线是指将建筑石膏料浆，浇注在底模带有花纹的模框中，经抹平、凝固、脱模、干燥等工序，加工而成的装饰线条。石膏线的特点除了色彩呈白色，还有一个明显的优势就是石膏表面非常光滑细腻，因为它本身具有微膨胀性，所以在使用过程中不会造成裂纹。又因为石膏材质的内部充满了大大小小的空隙，所以它的保温以及绝热性能非常好。

❖ 石膏线的主料是玻璃纤维和石膏，所以不会产生对人体有害的气体。

❖ 石膏线条材质比较脆，在受到外力冲击时会开裂、破碎。

❖ 石膏线生产工艺很简单，表面可以设计出各种美观的花纹，可做顶面角线、腰线、各类柱式或者墙壁的装饰线条，常用于欧式风格的装饰空间。

❖ 石膏线的硬度为 2-5 兆帕，在硬化过程中体积仅膨胀 1%，因此保证了制品尺寸精确，且不易变形。

❖ 石膏线条磕碰后仍可修补，且不留痕迹。时间长了若有脏污，稍做清理，粉刷涂料便可轻易翻新。

02 材料分类及选购常识

石膏线条主要有纤维石膏线、纸面石膏线、石膏空心条板、装饰石膏线等种类。

	选购常识
1	可以用手指轻轻敲击石膏线条，如果声音发闷，多为劣质石膏线条；如若敲击的声音发脆，甚至有如陶瓷般的声音，那么则代表这石膏线条的品质不错
2	一般石膏线图案花纹的凹凸应在 10mm 以上，且制作精细。这样在安装完毕后，再经表面刷漆处理，依然能保持立体感
3	选择石膏线时最好看其断面。成品石膏线内要铺数层纤维网，这样石膏附着在纤维网上，可以增加石膏线的强度。劣质石膏线内铺网的质量差，未铺满或层数很少，甚至以草、布代替，这会减弱石膏线的附着力，影响石膏线质量，而且容易出现边角破裂甚至断裂的现象
4	由于安装石膏线后，在刷漆时不能再进行打磨等处理，因此对石膏线表面光洁度的要求较高。表面细腻、手感光滑的石膏线，在安装并刷漆后会有很好的装饰效果。如果石膏线表面粗糙、不光滑，安装并刷漆后就会给人一种粗糙、破旧的感觉

03 材料应用注意事项

一般来说，石膏装饰线条根据宽、窄分为多个规格。宽石膏装线条的厚度通常为 150mm、130mm、110mm、100mm 等，长度有 2.5m、3m、4m、5m 不等。窄石膏线条通常有 40mm、50mm、60mm 等多种厚度，长度一般为 2.5~3m。宽石膏线条主要用于吊顶四周边面的装饰，窄石膏线条主要与宽石膏装饰线条配合使用。

△ 石膏雕花线条搭配石膏浮雕的装饰，给空间带来一种古典的美感

△ 背景墙上的石膏线条装饰框让墙面更加立体

△ 石膏线条通常作为顶角线应用于层高较低的室内空间

04 施工与验收要点

✧ 石膏线施工时，要将基层清理干净，墙面要平整，无凸出、凹进的部位。墙顶角的部位，可刮两遍腻子，这样能避免石膏线发生脱落。

✧ 石膏线施工时，要先从正面做起，这样能保证正面石膏线的接头部分少，让石膏线的整体看起来更为流畅。将少半截或需要接头的地方放到不起眼的部位上。

✧ 由于石膏凝固时间较短，所以在安装石膏线时，需快速粘贴调整好，并将有缺陷的部位迅速补齐。注意在石膏凝固前，用清水将石膏的周边清理干净。

✧ 在石膏线的接头部位，必须经过刮石膏才能进行对接。对接的时候，要注意保证其花型和纹路吻合，高低一致。使石膏线整体呈一条直线，低的部分要用石膏垫直，以免石膏线出现短线的问题。在石膏线安装好后，要及时用清水清理干净，以免石膏凝固，污渍无法清理，从而影响石膏线整体的美观程度。

✧ 石膏线粘贴好后，要对石膏线接头的部位进行修补，以淡化石膏线的接头部位。对顶面进行修补，保证石膏线出墙的地方宽度一致。

金属线条

01 材料的性能与特征

　　一般的室内墙面装饰线条多以石膏线条、木质线条等常见的装饰线条为主，而随着轻奢风的流行，如今金属线条装饰已逐渐成为新的主流。金属线条将金属薄片弯曲成装饰线条，其截面框线有多种形状，有的是直角线条，有的是弧形线条，其截面图的形状有上百种之多。可用作室内外装饰的内角线条、外角线条、腰线条、框线条、嵌线条、压边条等。

❖　金属线条不仅是非常好的收边材料，也是一种具有画龙点睛功效的装饰用材。

❖　金属线条可以做成圆弧及其他造型，但价格较高。

❖　金属线条可以用在厨房、卫生间，但要选不容易生锈的材质，且选择卡扣预埋式金属线条。

材料分类及选购常识

金属装饰线条的尺寸、颜色、形状是可以定制的。应用于墙顶面造型的金属线条常见的有 U 形、平板、T 形、几形和 L 形。

分类	特点
U 形金属线条	两边对等的 U 形金属线条用于左右两边没有高低差的平面，可以购买成品或者现场测量定做。而两边长度不一致的 U 形金属线条常用于左右两边有高低差的造型收口中，因为高低差的不确定性，故大部分需要现场测量定做
平面金属线条	平面金属线条常应用在吊顶凹槽里或直接贴于木饰面上，有是完全平面的，也有两侧磨边的，常见宽度为 10mm、15mm、20mm、35mm
T 形金属线条	T 形金属线条款式很多，越细的线条感越强，为了增加粘贴的稳固度，T 形金属线条嵌入的部分通常设计成各种倒钩或者锯齿形状
几形金属线条	几形金属线条常用于木门、柜门、背景墙、腰线以及墙面装饰中。部分正反面都可以，突出面最窄尺寸也能达到 5mm 左右
L 形金属线条	L 形金属线条常用在阳角包角的地方，直接粘即可，但容易脱落，不建议使用

金属线条按材质主要分为铝合金线条、不锈钢线条、铜合金线条等。

分类		特点	用途
铝合金线条		铝合金线条比较轻，耐腐蚀也耐磨，表面还可以涂上一层坚固透明的电泳漆膜，这样更加美观	可用于装饰面的压边线、收口线，以及装饰画、装饰镜面的边框线
不锈钢线条		不锈钢线条表面光洁如镜，相较于铝合金线条具有更强的现代感	可用于装饰面的压边线、收口线，以及装饰画、装饰镜面的边框线
铜合金线条		铜合金线条强度高，耐磨性好，不锈蚀，经加工后表面呈金黄色光泽	主要用于地面大理石、花岗石的间隔线，楼梯踏步的防滑线，地毯压角线，装饰柱及高档家具的装饰线等

03 材料应用注意事项

在硬装中，金属线条多应用于吊顶、墙面装饰等，与吊顶搭配，可增加品质感；与墙面搭配，可增加层次感。在软装中，小到装饰品，大到柜体定制都可以应用金属线条。

将金属线条镶嵌在墙面上，不仅能衬托空间中强烈的空间层次感，在视觉上营造出极强的艺术张力，还可以突出墙面的线条感，增加墙面的立体效果。

金属线条颜色种类很多，如果是轻奢风格空间，最好采用玫瑰金色或者金铜色金属线条。此外，金属线条在新中式空间出现的频率很高。

△ 将金属线条镶嵌在墙面上，在视觉上营造出极强的艺术张力

△ 金属线条在新中式空间出现的频率很高　　△ 轻奢风格空间适合采用玫瑰金色金属线条

04 施工与验收要点

1. 吊顶金属线条安装工艺

吊顶金属线条通常有内嵌式和外凸式两种安装方式。内嵌式安装完成后，金属线条面与吊顶面要齐平。如果线条较窄，可不用木条打底；如果线条宽大于 15 mm，则需要用木条打底。外凸式安装则与内嵌式相反，是贴于吊顶表面的，必须用木条打底。

内嵌式安装

✧ 留槽深度为一层石膏板厚度约 7~9mm，宽度通常为 20mm。

✧ 木工开木条钉于槽内，注意左右两边预留缝隙打胶粘贴。

✧ 金属条用胶嵌进槽内，安装后立即用美纹纸或胶带固定起来，待干透后将美纹纸或胶带取下。

外凸式安装

✧ 在吊顶顶面或者侧面安装木条，常用九厘板或大芯板开条，木条宽度比金属条宽度少 3~5mm，方便打胶固定。如金属线条的宽度为 20mm，木条开条的宽度尺寸建议为 15~17mm。

✧ 金属线条用胶嵌进槽内，安装后立即用美纹纸或胶带固定起来，待干透后将美纹纸或胶带取下。

2. 墙面金属线条安装工艺

✧ 如果墙面使用乳胶漆、墙纸或墙布等材料，建议在木工完工、腻子打底之前安装好金属线条，以便后期涂料施工时能盖住金属线条的侧面。

✧ 如果墙面使用木饰面板、瓷砖、硬包等有厚度的材料，可让木工现场开条预留位置，后期安装不锈钢条。

✧ 墙面造型处的金属线条建议购买成品金属收口线，同造型一起安装。这样不仅不需要木条打底，而且衔接处更加美观、贴合。

△ 吊顶中加入金属线条的装饰

PU 线条

01 材料的性能与特征

PU 线条是指用 PU 合成原料制作的线条，其硬度较高且具有一定的韧性，不易碎裂。相比于 PVC 线条，PU 线条的表面花纹可随模具的精细度做到非常精致、细腻，还具有很强的立体效果。PU 线条一般以白色为基础色，在白色基础上可随意搭配色彩，也可做贴金、描金、水洗白、彩妆、仿古银、古铜等特殊效果。

❖ 原料为聚氨甲酸酯，表皮坚硬，采用无氟配方，化学性质稳定，是一种新型环保装饰材料。

❖ 为模具成型，颜色多样，造型丰富，可随意搭配多种家装风格。

❖ 可以在表面涂抹各种颜色的水性和油性漆，可仿石、仿木、仿金属，惟妙惟肖，着色后保持时间长。

❖ 施工成本较低，体量轻，在加工过程中可刨、可锯、可钉、可粘，安装后基本不需要维护。

02 材料分类及选购常识

选购常识	
1	PU 线条的优势在于韧性极佳，可用单手取线条的中心点上下甩动，韧性好的 PU 线条不会甩断，有些厂家考虑生产成本问题，原料的配比会失衡，导致线条只有硬度却没有韧性
2	从线条的两侧剖面来检查密度，如果线条质量较好，其剖面结构均匀紧密，不会有疏松的小孔，同时两根线条拼接时无缝隙
3	优质的 PU 线条外观饱满自然，雕花线花纹棱角清晰，线条表面无颗粒感，无脏污、脱色或者油漆堆彻等现象
4	仔细观察 PU 线条的底部是否打砂磨平、喷涂耐黄环保底漆，一般，底漆为亚白色，整体看上去非常精致，颜色统一均匀。没有做这一层表面处理的直接后果就是线条表面容易发黄，并且每根线条颜色不统一

03 材料应用注意事项

传统的石膏线条,本身的图案较为单一,不适合用在复杂的造型中。而 PU 线条可选择各种漂亮的花纹图案,可呈现出更好的装饰效果。此外,PU 线条重量轻,可以采用很多种方法固定,施工很简单,而且有专用的转角,接缝完美。

除了代替石膏线条用作吊顶装饰,PU 线条装饰框作为墙面装饰是较为常用的手法。框架的大小可以根据墙面的尺寸按比例均分。线条装饰框的款式很多,造型纷繁的复杂款式可以提升整个空间的奢华感,简约造型的线条框则可以让空间显得更为简单大方。注意装饰框造型,需在水电施工前设计好精确尺寸,以免后期面板位置与线条发生冲突。

△ PU 线条墙面装饰框

△ PU 线条的花纹图案更具装饰效果

04 施工与验收要点

❖ 先将施工的线板在墙上标出安装的位置,然后做上标记。

❖ 用工具裁出所需 PU 线条的长度及角度,在线板背面与吊顶和墙体的接触面涂上白胶。

❖ 用钉枪将 PU 线条固定在墙上,水泥墙则用钢钉固定。安装后,用硅胶填补缝隙,用腻子修复钉眼,用布擦去线板上未干的胶水,最后用砂纸精致打磨修补的地方,使之完美。

❖ PU 线条出厂前表面均涂白色底漆,现场施工完成后可根据不同的需求,人工打造成各种效果,也可下订单前指定色版,由厂家进行彩绘后出厂。

踢脚线

01 材料的性能与特征

　　踢脚线作为家居装饰中极小的一个项目，常常很容易被忽略。事实上，安装踢脚线一方面可以让墙面与地面有一个很好的衔接保护层，把两者结合起来，减少打扫时带来的污染。另一方面，墙面和地面处于不同的立面，可以借踢脚线强化两者的区别，达到美化效果，不管明踢脚线还是暗踢脚线，都有利于对墙面与地面进行线性化处理。踢脚线可以遮挡电线走向，把电线藏在踢脚线里，若日后有修改可减少施工难度，比藏在墙体要省事。此外，还可以将踢脚线的材质、色彩等，与家居中的其他元素形成呼应，以起到平衡视觉以及美化空间的效果。

◈　普通的踢脚线一般较宽，有一定厚度，主要用作地面与墙面的连接，起装饰作用。

◈　L 形踢脚线较薄，主要用作地面与门槛、地面与落地窗、地面与衣柜等的连接。

02 材料分类及选购常识

　　不同材质和造型的踢脚线对室内空间起到的装饰作用不同，目前最常用的踢脚线按材质主要分为木质踢脚线、PVC踢脚线、不锈钢踢脚线、石材踢脚线等。

分类		特点	用途
木质踢脚线		有实木和密度板两种，实木的相对贵一些，这两类看起来都是木质的外观，视觉感受比较柔和，但实木的木纹自然，密度板是仿木纹表面，与实木有一定的差距	安装时可能木材表面会有修补痕迹，并且要注意气候变化导致日后产生起拱的现象
PVC踢脚线		外观颜色多变，有仿木纹、仿大理石以及仿金属拉丝的。价格便宜，但贴皮层可能脱落，而且视觉效果也比木质踢脚线差	PVC踢脚线安装时需要先将底座固定到墙上，然后将踢脚线直接扣在底座上
金属踢脚线		有不锈钢和铝合金两种，早期以金属光泽居多，现在很多铝合金踢脚线有了更多的变化，例如木纹、拉丝等，视觉效果相对缓和了许多	金属踢脚线的工艺较为复杂，优点是经久耐用，几乎没有任何维护的麻烦，一般适合用在一些现代风格的空间中
石材踢脚线		石材踢脚线给人比较硬朗的视觉感受，容易粘贴，材质硬度大、耐磨损	在安装时应注意其厚度与门套线一致，接缝应尽可能小，如有花色，应该注意其纹理的延续性

03 材料应用注意事项

踢脚线的高度和空间大小有着很大的关系，如果楼层高度为 2.8m，踢脚线高度以 150mm 为宜，如果楼层低于 2.5m，踢脚线高度一般在 100mm 左右。此外，不同材质的踢脚线高度会有一定的差别。例如，瓷砖踢脚线高度多为 7cm 左右；石材踢脚线高度为 8~10cm；木质踢脚线高度多为 8cm 左右。

踢脚线的颜色可与地面或者墙面颜色一致或者接近，如选择与木地板颜色相近的踢脚线，能让空间整体显得十分协调；踢脚线颜色亦可和地面或墙面的颜色形成反差，如浅色的地砖，选用深咖啡色踢脚线，较大的反差能让分界更加明显；踢脚线颜色也可以根据门套线的颜色进行选择，可选择与门套线相同或相近的颜色，这样可以让整个居室的色调一致。

△ 踢脚线的高度与房间层高呈一定的比例关系

△ 踢脚线可选择与门套线相同或相近的颜色

△ 踢脚线与墙面色彩形成反差，增加了层次感

△ 石材踢脚线与马赛克波打线的颜色形成反差，让分界更加明显

面积较小的房间，踢脚线宜选择靠近地面的颜色。反之，如果房间面积较大，踢脚线宜选择靠近墙壁的颜色。如果是层高较低的小户型，则可选择白色踢脚线。白色属于中性色，因此无论和深色或浅色的墙面都能形成完美的搭配。

△ 白色踢脚线因为比较百搭，所以应用相对较为广泛

04 施工与验收要点

✧ 安装踢脚线的时候，都会在墙面上进行打孔，以增强踢脚线的贴合性和牢固性。但是墙内可能存在一些水电工程的管道线路，所以在打孔前要注意对其位置进行确认，以免损坏家中的电路和水路。

✧ 踢脚线的整体安装一定要特别平整，不能出现高低不平的现象，如果踢脚线铺贴的高度不一致，不仅会影响到美观度，而且容易脱落。

✧ 如果使用墙纸进行墙面装饰，那么一定要等墙纸铺设完毕之后，才可以安装踢脚线，将墙纸下端用踢脚线压住，使它能够与墙面紧密地贴合，延长其使用寿命。如果使用乳胶漆进行墙面装饰，那么在安装踢脚线之前，一定要将白水泥的墙体铲除干净，否则很容易掉落在安装好的踢脚线上，影响其美观性，增加后期的清洗难度。

✧ 安装踢脚线的时候，要注意为其留出适当的伸缩缝隙，否则，安装好的踢脚线很容易受到天气变化的影响，从而出现热胀冷缩的现象。这种缝隙大小在 2~3mm 左右即可，不易过大，否则会降低其使用寿命。

01 材料的性能与特征

　　波打线又称为波导线或边线等，是地面装饰的走边铺材，颜色一般较深，上面会有比较复杂的图案设计，通常安装在客厅、过道以及餐厅空间的地面上。波打线的花样及款式非常丰富，因此在家居地面设计波打线，能让空间显得更加丰富灵动。如能将波打线设计成与吊顶相互呼应的造型，还可以使整个空间更有立体感。

　　波打线不仅能包围区域，还能用来接缝，如果瓷砖铺到边缘的时不完整了，就可以用一圈波打线进行装饰。在大面积、多款式的瓷砖铺贴中，波打线也可以起到过渡的作用。此外，在过道使用波打线，视觉上可起到拉长和延伸的效果。

❖　波打线装饰性比较强，如果波打线上有定制的花纹，还需要有配套转角。

❖　瓷砖商家有专门的设计师可以设计地面铺设的方式，可以在电脑上展示效果，因此不用担心铺设的效果。

❖　一些欧式大户型铺设石材地面时，经常会用到石材波打线，其材质和人工的价格更高。

02 材料分类及选购常识

波打线的材质有很多种，如石材、瓷砖、马赛克、玻璃、金属等，比较常见的是石材和瓷砖波打线。在选色上，波打线一般比地面颜色深。具体尺寸应该根据房间的大小而定，其宽度一般为10cm、12cm、15cm等。

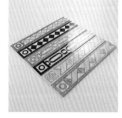

△ 瓷砖波打线

△ 石材波打线

分类		特点
单层波打线		如果家居中铺贴的是较为单一的瓷砖，又不想增加复杂的拼花或铺贴效果，不妨增加一条简约的单层波打线。单层波打线不仅应用广泛，经典百搭，而且能为空间增添别致的感觉
双层或多层波打线		双层或多层波打线摆脱了传统的单边设计，将波打线改为双条或者三条的组合，能让地面效果更富于变化，更具视觉美感。这类波打线几乎每个空间都能应用，而且可以搭配不同粗细的波打线应用，其造型也十分多变
花纹波打线		如果空间足够大，可以将波打线设计为拼花或者特殊的铺贴方式，丰富的花纹、复古的造型，装饰效果更佳。除了单纯的仿石纹理波打线，也可以选用纹理更为繁复美艳的复古波打线，让空间具有跳跃性，更富有生气
不规则波打线		波打线不一定就是四平八方的细小边线，不规则波打线在走边形状或者厚度上打破常规，富于变化，更为灵动多变。圆形的外边线配合弧形的内边线，可打造出惊艳的装饰效果

03 材料应用注意事项

波打线更适合空间格局比较宽敞的户型，装饰效果突出，如果户型面积较小，则不宜设置波打线，否则，家具的摆放会挡住波打线，不仅发挥不出其应有的作用，而且会让空间看起来更为狭小局促。装饰前可在设计效果图上标出波打线的颜色、铺贴方式等，提前了解其装饰效果。

波打线要根据不同的装饰风格来确定纹理与配色，简欧风格要选用有精致图案的纹理，米黄色的花卉图腾不失格调，也显温馨；中式风格深沉稳重，波打线配色可以用棕红色加以点缀，增添几分岁月感，纹理可以选用具有民族特色的图腾搭配；现代简约风格时尚干练，建议选用以简为美的波打线。

△ 利用波打线搭配拼花图案划分出相对独立的功能区

△ 过道上使用波打线具有延伸视觉空间的效果

△ 波打线与吊顶造型形成呼应

04 施工与验收要点

✧ 一般来说，波打线是沿着房间地面的四周连续铺设的，因此应首先铺好地砖，再做波打线找齐工作，最后铺贴波打线。

✧ 要注意踢脚线必须压在地砖、波打线和过门石之上，这样才不会有缝隙。

7

PART

第 七 章

照明设备

DECORATION DESIGN BOOK

水晶灯

01 材料的性能与特征

　　水晶灯饰起源于欧洲17世纪中叶的洛可可时期。当时欧洲人对华丽璀璨的物品及装饰尤其向往，水晶灯便应运而生，并大受欢迎。水晶灯是指用水晶材料制作成的灯具，主要由金属支架、蜡烛、天然水晶或石英坠饰等共同构成，由于天然水晶的成本太高，如今越来越多的水晶灯原料为人造水晶，世界上第一盏人造水晶灯具是法国籍意大利人 Bernardo Perotto 于1673年创制的。

❖ 由于水晶灯的装饰性很强，并且具有奢华高贵的视感，因此在新古典风格的空间中，常选用水晶吊灯作为照明及装饰。

❖ 水晶灯造型美观，透光性好，晶莹剔透、耐高温性能好。

❖ 水晶灯使用时间长，不易氧化变色，常温下机械性能好，耐磨，抛光效果细腻，表面光滑。

❖ 水晶灯清洗困难，同时耀眼夺目的灯光对小孩的视力有影响。

ⓘ 材料选购常识

	选购常识
1	观察水晶吊灯的镀金层，一般高档的金属配件多为电镀 24K 金，这种镀金几年都不会变色，也不会生锈；低档的则达不到这种效果，两三个月便会失去原来的色泽。高档的使用两三年甚至更长时间都不会变色；而低档的水晶灯过一段时间后，颜色便会发暗，支架出现锈迹
2	水晶的产地和纯度有所不同，自然质量也就存在优劣之分。在选购水晶灯时，要详细了解水晶的含铅量，可以查看证书。同时，也可以通过观察水晶的透明度来辨别质量的好坏，若水晶晶莹剔透，杂质较少，就说明质量上乘；反之，就说明质量较差
3	水晶灯除了水晶，还有灯架、珠链等配饰，这些配饰也会影响水晶灯的整体美感。在选购时，要观察这些配饰的工艺质量，查看配饰的颜色、款式与整体是否搭配协调。若下摆的垂坠大小、形状不一，就会影响水晶灯的整体美感

ⓘ 材料应用注意事项

为室内搭配水晶灯时，应根据空间的大小及结构进行选择。一般 20~30m² 的客厅，适合选择直径为 1m 左右的水晶灯，如果想在卧室里搭配水晶灯，可以选择具有温馨安逸气质的简约吊式水晶灯。

通常，水晶吸顶灯的高度在 30~40cm 之间，水晶吊灯的高度在 70cm 左右，挑空的水晶吊灯高度在 150~180cm 之间。以水晶吊灯为例，安装在客厅时，下方要留出 2m 左右的空间，安装在餐厅时，下方要留出 1.8~1.9m 的空间，可以根据实际情况选购相应高度的灯饰。

△ 新古典风格空间中的水晶灯样式相对比较简洁

△ 灵感源自欧洲古代的烛台灯呈现出的优雅隽永的气质

铜灯

01 材料的性能与特征

　　铜灯是指以铜为主要材料的灯饰，包括紫铜和黄铜两种材质。铜灯是使用寿命最长久的灯具，处处透露着高贵典雅，是一种非常"贵族"的灯具。铜灯的流行主要是因为其具有质感、美观的特点，而且一盏优质的铜灯是具有收藏价值的。从古罗马时期至今，铜灯一直是皇室威严的象征，欧洲的贵族们无不被铜灯这种美妙金属制品的隽永魅力吸引。

　　由于纯铜塑形很难，因此很难找到百分之百的全铜灯，目前市场上的全铜灯多为黄铜原材料按比例混合一定量的其他合金元素，使铜材的耐腐蚀性、强度、硬度和切削性得以提高，从而做出造型优美的铜灯。

◇　铜适合铸造、雕刻，可以制作出各种各样的精美造型，但价格较高。

◇　铜灯历史悠久，从古代一直沿用至今，不易生锈，具有收藏价值。

◇　铜灯一般采用工业专业 H62 黄铜制作，灯罩的选择上更是多种多样。

◇　铜灯结实耐用，使用寿命长，不容易生锈。

△ 全铜台灯

△ 全铜吊灯

△ 全铜壁灯

02 材料选购常识

铜灯的款式很多，有弯管系列全铜吊灯、西班牙云石全铜吊灯、脱蜡全铜吊灯、翻砂全铜吊灯等。

选购常识	
1	铜灯有着非常不错的质感和装饰性，主要是因为它表面复杂的处理工艺，特别是其表面有一层均匀密实的保护膜，不仅细腻、有光泽，而且可以隔绝空气，避免铜件氧化，所以在挑选的时候注意看表面有无保护膜
2	铜灯虽然经过抛光、封油、覆膜处理，但还是有着原生态的颜色。不过有些铜灯经特殊处理后会有更丰富的颜色变化，譬如红古铜色、青古铜色等。质量好的铜灯颜色更加自然、顺畅，不存在色斑、色彩不牢固和褪色掉块等现象
3	铜灯的表面一般不会有任何的毛刺或者不平整的地方，用手触摸感觉光滑、圆润，有凉沁的手感
4	用手敲击铜灯，质量好的铜灯会发出浑厚、深沉或者清澈、悦耳之声，而劣质的铜灯不仅声音空洞、飘忽不定，还有杂音
5	用小刀轻轻地刮蹭铜灯，如果细屑是金黄色、金白色，就是比较纯的材质；如果细屑是白色、银色，一般不是纯铜材质的

03 材料应用注意事项

目前，具有欧美文化特色的欧式铜灯是主流，它吸取了欧洲古典灯具及艺术的元素，在细节的设计上沿袭了古典宫廷的风格，采用现代工艺精制而成。欧式铜灯非常注重灯饰的线条设计和细节处理，比如点缀用的小图案、花纹等，都非常讲究，除了原古铜色，有的还会采用人工做旧的方法来制造年代久远的感觉。欧式铜灯在类型上分别有台灯、壁灯、吊灯等，其中吊灯主要采用烛台式造型，在欧式古典家居中非常多见。

对于欧式风格来说，铜灯几乎是百搭的，全铜吊灯及全铜玻璃焊锡灯都很适用；美式铜灯以枝形灯、单锅灯等简洁明快的造型为主，质感上注重怀旧，灯饰的整体色彩、形状和细节装饰无不体现出历史的沧桑感，一盏手工作旧的油漆铜灯，就是美式风格的完美载体；现代风格可以选择造型简洁的全铜玻璃焊锡灯，玻璃以清光透明及磨砂简单处理的为宜；而应用在新中式风格的铜灯往往会加入玉料或者陶瓷等材质。

铁艺灯

01 材料的性能与特征

　　传统的铁艺灯基本上都起源于西方，在中世纪的欧洲教堂和皇室宫殿中，因为最早的灯泡还没有发明出来，所以用铁艺做成灯饰外壳的铁艺烛台灯绝对是贵族的不二选择。随着灯泡的出现，欧式古典的铁艺烛台灯不断发展，它们依然采用传统古典的铁艺，但是灯源却由原来的蜡烛变成了灯泡，出现了更为漂亮的欧式铁艺灯。这类吊灯应用在法式风格的空间中，更能凸显庄重与奢华感。

◇　铁艺灯由于自身材质的特点，可塑性强，比较容易造型。

◇　铁艺灯具有很强的复古感，高贵典雅，风格独特，而且比较结实耐用。

◇　铁艺灯的坚固程度和抗变形能力比铜灯好很多，但如果表面没有进行电镀处理的话，铁艺灯很容易生锈。

02 材料选购常识

	选购常识
1	由于天然铁艺常常含有横纹、絮状物等天然瑕疵，资源有限而且价格昂贵，所以市场上销售的铁艺灯都是使用人造铁艺或者工艺铁艺制作而成的
2	不同的人造铁艺的等级和质量不一样，由于铁艺灯的价值很大程度上由铁艺决定，因此需要关注铁艺的品质。只有当玻璃含氧化铅的比例超过 24%、折射度达到 1.545，制作成的灯才可以称为铁艺灯
3	铁艺灯的主体由铁和树脂两个部分组成，铁制的骨架能使它的稳定性更好，树脂能使它的造型更多样化，还能起到耐腐蚀、不导电的作用

03 材料应用注意事项

铁艺灯有很多种造型和颜色，并非只适用于欧式风格的装饰。有些铁艺灯采用做旧的工艺，给人一种经过岁月洗刷的沧桑感，与同样没有经过雕琢的原木家具及粗糙的手工摆件是最好的搭配，也是地中海风格和乡村田园风格空间中的必选灯具。例如，摩洛哥风铁艺灯独具异域风情，如果把其运用在室内，很容易打造出独具特色的地中海民宿风格。

铁艺制作的鸟笼灯具有台灯、吊灯、落地灯等，是新中式风格空间比较经典的元素，可以给整个空间营造鸟语花香的氛围。鸟笼灯具款式多样，外围形状各异，有用古典的花窗隔板围成的多边体，有优雅的花卉形，有简约的圆柱体内置丝绸、薄绢、白纱等，绘以精美的中式元素，精致典雅。

△ 鸟笼铁艺灯

△ 工业风格铁艺灯

△ 摩洛哥风铁艺灯

木质灯

01 材料的性能与特征

　　木质比塑料、金属等材料更为环保、柔和。搭配以木材为原材料制作的灯具，能为室内空间增加几分自然清新的气息。木质灯适合运用于卧室、餐厅等空间，以其温馨宁静的品质，让人倍感放松、舒畅。如搭配的是木质落地灯，还可以在灯架上装饰一些绿色植物，这样既不干扰照明，还增添了居住环境的自然气息。

❖　木质灯具有环保自然的特点，让人感到放松、舒畅。

❖　由于木材是不耐腐蚀的天然材料，因此需要经过防腐及加固处理，让其更耐用。

❖　木材具有易于雕刻的特性，因此，木质灯具有多种设计创意，比如，利用圆形镂空的木头作为灯具的灯罩，既精美又实用。

材料应用注意事项

　　北欧风格清新且强调材质原味，适合造型简洁的原木灯。日式风格家居常以自然材质贯穿整个空间的设计布局，在灯具上也是如此。简约的实木吸顶灯，能让空间更显清雅。自然恬淡是日式木质吸顶灯的主要设计特点。在颜色上保持着木质材料的原有色泽，并不加以过多的雕琢和修饰。此外，还可以尝试一下工业风格，例如把灯泡直接装在木头底座上。

　　如果空间较小，想用吊灯彰显东南亚风情，不妨考虑安装木皮灯。其灯罩是由很薄的一层木皮经过细致加工和处理之后，通过特殊工艺制作而成的。木皮灯的分量较大，比藤编灯更吸引人的视线，而且当灯光通过木皮灯罩时，隐约的灯光显得更加朦胧，很具艺术气息。但要注意的是，木皮灯的灯光较暗，需要配合其他局部照明使用。

△ 木质床头落地灯

△ 东南亚风格木皮灯

△ 木质灯罩与金属吊杆相结合的设计

树脂灯

01 材料的性能与特征

树脂灯是指使用树脂做出各种不同的造型，再装上灯具。树脂灯的可塑性非常强，如同橡皮泥一样可随意捏造，所以用树脂制造的灯具具有造型丰富、生动、有趣等特点。此外，树脂原料价格相对便宜，制造工艺也简单，所以树脂灯具的价格比铁艺灯、铜艺灯、玻璃灯、水晶灯等更有优势。

❖ 树脂灯即使落在地上也不会破碎，相较于其他材质，更容易保养。

❖ 树脂灯有各种形态，造型丰富、形象、生动。

❖ 树脂灯拥有天然的光泽度，表面光洁，手感舒适。

❖ 树脂灯耐腐蚀性较差，尽量不要让树脂灯靠近腐蚀性物品。

02 材料应用注意事项

　　鹿角灯起源于 15 世纪的美国西部，多用树脂制作成鹿角的形状，在不规则中形成巧妙的对称，为居室带来极具野性的美感。一盏做工精美、年代久远的鹿角灯，既有美国乡村自然淳朴的质感，又充满异域风情，是居家生活中难得的藏品。

　　风扇灯既有灯饰的装饰性，又有风扇的实用性，可以营造舒适休闲的氛围。东南亚风格中常见树脂材质芭蕉扇吊灯。

△ 仿树叶造型树脂吊扇灯

△ 树脂灯可做出各种不同的造型

陶瓷灯

01 材料的性能与特征

陶瓷灯是用陶瓷材质制作成的灯具，最早的陶瓷灯是指宫廷里用于蜡烛灯火的罩子，近代发展成落空瓷器底座。现代陶瓷灯分为陶瓷底座灯与陶瓷镂空灯两种，其中，陶瓷底座灯更常见。陶瓷灯的外观非常精美，常见的陶瓷灯大多都是台灯的款式。因为其他类型的灯具做工比较复杂，不能使用瓷器。陶瓷灯非常具有中国古典气质，目前，国内高品质的陶瓷灯一般都是在景德镇加工的，不论做工还是款式都非常精细。

❖ 陶瓷灯兼具使用性和审美性，既可用于灯光照明，又具有很强的装饰性。

❖ 陶瓷是所有灯具中绝缘效果最好的一种材料，耐热性能比胶木和塑料强很多。

❖ 陶瓷灯和其他材质的灯具相比更加易碎，承重能力不强，使用时应尽量避免灯座与其他物品磕碰。

02 材料应用注意事项

　　法式风格的陶瓷灯通常带有金属底座，并加入描金处理；中式风格的陶瓷灯做工精细，质感温润，仿佛一件艺术品，十分具有收藏价值，其中，新中式风格的陶瓷灯往往带有手绘的花鸟图案，装饰性强并且寓意吉祥；美式风格的陶瓷灯表面常采用做旧工艺，整体优雅而自然，与美式家具搭配相得益彰。

△ 中式风格青花陶瓷台灯

△ 美式风格陶瓷灯

△ 做工精美的陶瓷台灯宛如一件艺术藏品

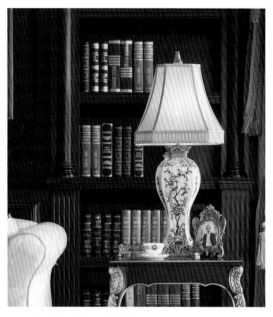

△ 金属底座的法式风格陶瓷台灯

玻璃灯

01 材料的性能与特征

以玻璃为材质的灯具有着透明度好、照度高、耐高温性能强等优点。很多工艺复杂的玻璃灯既是一件照明灯具，也是一件精美的艺术装饰品。玻璃灯的种类及形式都非常丰富，因此为整体搭配提供了很大的选择空间。

玻璃材质本身有许多不同的制作工艺，从而衍生出多种不同的玻璃类型，例如浮雕玻璃、琉璃玻璃、夹丝玻璃、马赛克玻璃等，这些玻璃皆可作为玻璃灯具的制作原料。

❖ 玻璃灯外形美观，最大的特点是光源亮而不刺眼。

❖ 玻璃灯不含铅等有害物质，外壳还可以回收利用，对环境没有破坏作用。

❖ 玻璃灯不会产生紫外光、红外光等辐射，不含汞等有害物质，散热少。

02 材料分类及选购常识

玻璃灯常见的有手工烧制玻璃灯具和彩色玻璃灯具。手工烧制玻璃灯具通常指一些技术精湛的玻璃师傅通过手工烧制而成的灯具，业内最为出名的是意大利的手工烧制玻璃灯具。彩色玻璃灯是用大量彩色玻璃拼接起来的灯具，其中最为有名的是蒂芙尼灯具。

蒂芙尼灯具的风格较为粗犷，与油画类似，最主要的特点是可制作不同的图案，即使不开灯也是一件艺术品。因为彩色玻璃是由特殊的材料制成的，所以灯具永不褪色。另外，由于这种玻璃的特殊性，其透光性与普通玻璃有很大的差别。普通玻璃透出来的光可能会刺眼，蒂芙尼灯具的透光效果柔和而温馨，能为房间营造出独特的氛围。

此外，精美的玻璃灯在造型上一般分为规则的方形和圆形与不规则的花形两种款式。通常，卧室中经常使用方形和圆形的玻璃灯，光线比较柔和；不规则的花形玻璃灯是仿水晶灯的造型，因为水晶灯价格昂贵，而玻璃材质的花形玻璃灯更加经济，因而经常被应用在客厅等公共空间。

△ 手工烧制玻璃灯具

△ 蒂芙尼灯具

03 材料应用注意事项

如果单纯作为室内照明，可选择透明度高的纯色玻璃灯，其不仅大方美观，而且能提供很好的照度。如需将玻璃灯作为室内的装饰灯具，则可以选择彩色玻璃灯，其不仅色彩丰富多样，而且能为空间制造出纷繁又和谐统一的氛围。

△ 彩色玻璃灯

△ 多头玻璃吊灯

△ 纯色玻璃灯

△ 枝形分子玻璃吊灯

纸质灯

01 材料的性能与特征

　　纸质灯的设计灵感来自中国古代的灯笼，因此不仅饱含中国传统的设计美感，而且具有其他材质的灯具无可比拟的轻盈质感和可塑性。纸质灯的优点是重量较轻、光线柔和、安装方便、容易更换等。纸质灯造型多种多样，可以与很多风格搭配出不同效果。一般多以组群形式悬挂，大小不一，错落有致，极具创意和装饰性。

❖　纸质灯除了具有轻盈、半透明的特点，柔软的纸张也易于造型，装饰性很强。

❖　纸质灯重量较轻、光线柔和、安装方便而且容易更换。

❖　纸质灯具怕水、耐热性能差，有些还有容易变色、易吸附尘土的缺点。

材料应用注意事项

羊皮纸质灯具也是纸质灯的一种，虽然名为羊皮纸灯，但市场上真正用羊皮制作的灯并不多，大多采用质地与羊皮差不多的羊皮纸制作而成。

纸质灯也是日本早期非常具有代表性的灯具，日式纸质灯受到了中国古代儒家以及禅道文化的影响，传承了中国古代纸质灯的文化美学理念，并且融合了日本的本土文化，逐渐演变而来。在日本文化中，明和善是神道哲学的主要内容，这时期的纸质灯就体现出对这一文化的尊重。日式纸质灯主要用纸、竹子、布等材料制作而成。纸质灯的形状、颜色以及繁与简之间的变化体系都与中式纸质灯有着很大的区别。

△ 纸灯具有其他材质无可比拟的轻盈质感

△ 纸灯适合营造淡淡的禅意氛围

△ 以组群形式高低错落悬挂的纸质灯

8

PART

第 八 章

厨卫设备

DECORATION DESIGN BOOK

整体橱柜

01 材料分类及选购常识

1. 橱柜门板

从橱柜门板就可以看出橱柜的质量和材质，因此橱柜门板使用哪种材料非常重要，而且绝大多数家庭在购买橱柜门板的时候，都会先向商家咨询橱柜门板所用材料的具体信息。

材质类型	材质特点	优点分析	缺点分析
实木门板	实木门板分为实木复合门板和纯实木门板。纯实木门板是指边框和门芯板均为实木。实木复合门板的门芯为中密度板贴实木皮，制作中一般在实木表面做凹凸造型，外喷漆，从而保持原木色且造型优美	a. 实木橱柜门板采用天然木材，十分环保，不含任何有害添加物和甲醛，对于人体和环境没有任何危害。 b. 实木橱柜门板使用的一般是较为名贵的木材，质量上佳，还能隔热保温，吸音隔音	a. 最大的缺点就是价格高，实木橱柜由于原料价格高，制作工艺复杂，所以价格昂贵。 b. 实木橱柜门板由于由实木制造，保养起来也比较麻烦，不易清洁，且具有一定的助燃性。 c. 易受温度及湿度的影响而变形，如果处在潮湿的环境中，会长出青苔等物质
吸塑门板	吸塑门板基材为密度板，表面经真空吸塑而成或采用一次无缝PVC膜压成型工艺，是最成熟的橱柜材料，而且日常维护简单	a. 吸塑门板的颜色及纹理比较丰富，可选择的余地比较大，基本上可满足不同客户对色彩的要求。 b. 因为高密度纤维板具有可造性，吸塑门板表面可以做成各种立体造型，能够满足不同客户对风格的不同需求。吸塑门板经过吸塑模压后能将门板四边封住从而成为一体，不需要再封边，解决了有些板材封边年久开胶和易受潮等问题	a. 因为制作工艺是热压覆，所以不可避免会出现热胀冷缩现象，吸塑门板在冷却后会不同程度地向PVC膜方向内凹。 b. 吸塑门板如果做不好的话，不太显档次

材质类型	材质特点	优点分析	缺点分析
烤漆门板	烤漆板是木工材料的一种。它是以中密度板为基材，表面经过6~9次打磨，上底漆、烘干、抛光、高温烤制而成的	a.其色彩艳丽，造型美观，外表如镜面般光亮，贵气十足，门板可做造型，有很好的视觉冲击效果。 b.其防水、防滑性能很好，抗污能力也很强，比较容易清洗	a.使用时要精心呵护，怕磕碰和划痕，一旦出现损坏就很难修补，只能整体更换。 b.门板时间久了容易褪色，阳光、灯光、油烟等外界条件会令其变色，出现色差
亚克力门板	100%纯亚克力是继陶瓷之后，家用建材领域最好的新型材料，用其制成的橱柜门板不仅款式精美、经久耐用，而且很环保	a.表面光滑，耐磕碰，易打理，不沾油污，表面有2mm厚的亚克力板，耐冲击、抗变黄、阻燃、耐变形。 b.绝缘性能优良。 c.自重轻，比普通玻璃轻一半，建筑物及支架承受的负荷小	a.亚克力的硬度稍显不足，和坚硬的东西接触容易产生划痕。 b.虽然颜色非常多，但是门板不能做造型
三聚氰胺门板	将带有不同颜色或纹理的纸放入三聚氰胺树脂胶粘剂中浸泡，然后干燥到一定固化程度，将其铺装在刨花板、中密度纤维板或硬质纤维板表面，经热压而成	a.表面纹饰清晰，色牢度好，颜色逼真，亮丽平滑，稳定。 b.耐磨、耐划，能减少因不慎磕碰而刮损的情况，这一点比烤漆门板和亚克力门板好。 c.耐高温、耐腐蚀，可抵御一些厨房洗涤剂、污渍的侵蚀	a.颜色只有亚光，没有亮光，可挑选的颜色不丰富，可塑性不强，不能制作任意款式的门型。 b.不显档次、封边易崩边、胶水痕迹较明显、色彩较少

2. 橱柜台面

用于橱柜台面的材质不少，其中，石材是比较常见的，像大理石、石英石等石材都具备一定的纹理表现，有着光滑、亮洁的表面，在厨房使用时，不仅能防水、防火，还具有抗污、易清洁的优点。实木台面的颜值很高，但是最好选那种长得慢、密度高的木材，缺点是价格比较高。家里是简约风、工业风的话，不锈钢台面是不错的选择。

材质类型	材质特点	优点分析	缺点分析
天然石台面	天然石经过风雨的磨砺，有着天生独特的美丽纹理以及坚硬无比的质地，主要有花岗岩和大理石两种	a.密度相对比较大，硬度比较高。 b.耐高温，防刮伤性能十分突出，耐磨性能良好。 c.造价也比较低，是一种经济的台面材料	a.长度受到一定限制，通常以拼接的形式构成台面，但这样就会导致拼接处不协调统一，达不到浑然一体的效果。 b.硬度大，但强度和刚度不够，假如遇到重击或者温度急剧变化，会出现裂缝等。 c.有细孔或者隙缝，容易嵌入脏东西，成为细菌滋生的温床
防火板台面	基材是密度板，表层是防火材料和装饰贴面，价格较之实木要实惠，花色品种繁多，是当前装饰市场中的主流	a.表面具有光泽度、透明性，能很好地还原色彩、花纹等，不像其他台面比较单调，色彩匹配度比较高。 b.质轻、强度高、延性好、抗震能力强。 c.不易变形，色彩可长时间保持如新状态，弹性好，不易产生裂痕	a.耐火板不宜弯曲，在制作台面或者造型时要有所考量，要提前测量所需要的防火板的长度。 b.易被水和潮湿侵蚀，使用不当，会导致脱胶、变形、基材膨胀的严重后果
不锈钢台面	不锈钢台面光洁明亮，各项性能较为优秀。它一般是在高密度防火板表面再加一层不锈钢板制成，比较坚固，易于清洗	a.材质坚实，不易受到高温影响。 b.不渗漏，容易清洁。 c.不开裂，使用寿命长	a.视觉观感冰冷。 b.表面若产生划痕，将无法修复。痕迹会一直留在台面上，影响美观
实木台面	实木台面纹路自然、高档美观，给人一种回归大自然的感觉，目前，常见的是白橡拼板＋木蜡油或水性油漆	a.实木的自然属性使实木台面自然、温暖、漂亮且有品质。 b.在风格搭配上不挑剔，属于百搭的台面材料	a.实木台面的耐磨性与耐划性都不如石材。 b.对环境要求非常高，湿度和温度只要变化异常，就容易出现干裂的现象

材质类型		材质特点	优点分析	缺点分析
人造石台面		使用较多的橱柜台面材料，它是一种通过人工的方法，将无机矿物材料及部分辅料加有机黏合剂混合后进行搅拌、定型、干燥、切割、抛光等加工而成的具有一定强度、花色的人造石材	a.耐酸、耐磨、耐高温，这三个特点决定了它无疑是为厨房而生的。 b.不易显脏，表面不易滋生细菌，也不会渗透水渍等。 c.可以无缝黏结，不会留下缝隙。 d.表面可以进行划痕处理，这样更美观	a.高温物体不能直接或长久放在人造石台面上，如果出现紧急搁置，很容易出现破坏。 b.硬度不强，不容易加工，台面的造型比较单一

02 施工与验收要点

地柜安装

❖ 安装地柜前，应该对厨房地面进行清扫，以便准确地测量地面水平情况。若橱柜与地面不能达到水平，橱柜柜门的缝隙就无法平衡，可使用水平尺对地面、墙面进行测量后了解地面水平情况，最后调整橱柜达到水平。

❖ 地柜如果是L形或者U形，需要先找出基准点。L形地柜从直角处向两边延伸，U形地柜则是先将中间的一字形柜体码放整齐，然后从两个直角处向两边码放，避免出现缝隙。

❖ 地柜之间的连接也很重要，一般，柜体之间需要4个连接件进行连接，以保证柜体之间的紧密度。一些杂牌厂家为节省成本，使用质量较差的自攻钉，这样不但影响地柜的美观，而且只能从一头锁紧柜体，连接度不高。

吊柜安装

❖ 安装吊柜时，为了保证膨胀螺栓水平，需要在墙面画出水平线，一般情况下，水平线与台面的距离为650mm，居住者可以根据自身身高，向安装工人提出地柜与吊柜之间的距离，以便日后使用方便。

❖ 安装吊柜时同样需要用连接件连接柜体，保证连接紧密。吊柜安装完毕后，必须调整吊柜的水平，吊柜水平与否将直接影响橱柜的美观度。

❖ 由于厨房装修后，会导致原来橱柜平面图的尺寸出现误差，为了减少误差，一般在地柜与吊柜安装完毕后再安装台面，这样能更好地保证橱柜安装数据的准确性。

❖ 目前使用的橱柜台面多为人造石或天然石材台面。石材台面是由几块石材粘接而成的，粘接时间、用胶量以及打磨程度都会影响台面的美观度。粘接时要使用专业的胶水，并用打磨机进行打磨和抛光。

五金安装

❖ 在安装吊柜和台面时，为了避免木屑落入拉篮轨道，应遮盖拉篮，以免影响日后使用。

❖ 水盆安装涉及下水问题。安装橱柜时，下水安装都会采用现场开孔的方式，用专业的打孔器按照管道的大小进行打孔，打孔的直径至少比管道大 3~4mm，并且打孔后要将开孔部分用密封条密封，防止木材边缘因渗水而膨胀变形，影响橱柜的使用寿命。

❖ 为了防止水盆或下水管渗水，软管与水盆的连接应使用密封条或者玻璃胶密封，软管与下水道也要用玻璃胶进行密封。

灶具电器安装

❖ 橱柜中嵌入式电器的安装只需现场开电源孔，但是，电源孔不能开得过小，以免日后维修时不方便拆卸。

❖ 安装抽油烟机时，为了方便使用和保证抽烟效果，抽油烟机与灶台的距离一般在 750~800mm。抽油烟机时要与灶具左右对齐，高低可以根据实际情况进行调整。

❖ 安装灶具最重要的是连接气源，要确保连接气口不漏气，气源一般由天然气公司派人连接。如果是装修工人安装，也要让天然气公司人员上门检测是否漏气。

△ 橱柜内部应进行合理分区，以收纳不同种类的东西

△ 将厨房电器内嵌于橱柜之中以节省空间

水槽

01 材料分类及选购常识

一般来说，选择水槽的第一步是选择材质，不同材质各有优点和不足，目前国内主流的水槽材质依旧是不锈钢；其次是人造石，比如石英石、花岗石；也有陶瓷材质的水槽。

材质类型	材质特点	优缺点分析	
不锈钢水槽	不锈钢是目前最主流的水槽材质，根据表面工艺的不同，有珍珠银、磨砂拉丝、丝光、抛光等多种可供选择	优点	自重轻、易于安装，耐磨、耐高温、耐潮湿；不吸油和水，不藏垢且不易腐蚀，不产生异味。可以加工成各种形状。
		缺点	长期刮擦容易在表面留下划痕。此外，不锈钢水槽在平时使用中还容易产生噪声
人造石水槽	人造石是人工复合材料的一种，由80%的纯正花岗岩粉与20%的烯酸经过高温加工成型。其分为人造石英石和花岗石两种。和常见的不锈钢水槽相比，人造石水槽的价位更高	优点	具有牢固、新颖时尚、色彩丰富、清洁简单、耐高温、耐冲击、防噪声、可塑性强、气质温和的特点。
		缺点	锋利的硬物刮擦容易划伤表面和破坏光洁度，且它的使用寿命一般小于不锈钢水槽
陶瓷水槽	陶瓷水槽一般都是一体成型烧制而成的。安装时可以采用整体嵌入的方式，其虽然比石材质轻，但是比不锈钢质重，在选择的时候要考虑橱柜的承重能力	缺点	易清洁、耐老化、耐高温，并且可以长期保持光洁如新的表面，不易粘连污迹。
		缺点	缺点是质量过大，承受不了重物硬碰，并且与硬物刮擦容易损伤表面，如果水渗入陶瓷内部，也容易造成膨胀变形

厨房空间和橱柜的深度决定水槽的尺寸，购买时，必须根据实际情况选择合适的尺寸。水槽的横向长度和水槽中盆的数量有关，盆多或者带翼，都需要加长水槽的长度。一般来说，单盆在 430mm 左右，双盆在 800mm 左右，三盆一般都在 1000mm 左右。实际横向长度需根据水槽设计确定，以上只是个参考尺寸。

纵向长度取决于橱柜台面的纵长，买水槽之前要先量好台面纵长。一般来说，水槽纵长小于台面纵长 120mm 左右是最合适的尺寸。如果水槽与台面边缘太宽，既不美观，操作也不方便；太窄的话，水池满载水时，会有不能承重的断裂风险。

△ 单盆水槽

至于水槽深度，因为国内一般使用的餐具是比碟盘之类更厚的碗具，所以水槽深度比欧美的略深一点。180~200mm 的深度是最为合适的，容量大且可防水溅出。但水槽并非越深越好，从实用角度出发，深度过大并不好操作。

△ 双盆水槽

△ 三盆水槽

△ 水槽深度以 180~200mm 最为合适

02 施工与验收要点

❖ 在安装水槽前，一定要先确定好安装的位置和尺寸，这样方便人们按照尺寸订购水槽，最好绘制水槽的平面图，免得数据不精确，导致返工。

❖ 在安装水槽前，应该先安好水龙头和进水管，进水管的另一端，则需要连接到进水开关上。

❖ 水槽放入台面后，需要在墙体和台面间安装配套的挂件，安装过程中应尽量多地注意水槽的密封效果。

❖ 安装配套挂件一般被认为是水槽安装的最后一步，只有等水槽买回来后，工人才会根据水槽大小，进行橱柜台面的切割，待放入台面，就需要安装配套挂件。安装时，应把每个空隙都做好填充，以免以后出现漏水问题。

❖ 水槽整体安装完毕后，需要将水槽放满水，做排水试验，如果出现渗漏，应立刻找到问题并返工修复。

❖ 排水试验确保没问题后，就可以对水槽进行封边处理。在用硅胶封边时，一定要保证水槽和台面连接缝隙均匀，不要出现渗水情况。

水龙头

01 材料分类及选购常识

常见的水龙头有铜质水龙头、不锈钢水龙头和陶瓷水龙头等。

材质类型		材质特点
铜质水龙头		铜是水龙头常用的材料，具有耐用、抗氧化、对水有杀菌作用的特点，不过，铜质水龙头含铅（一种有害健康的金属），所以对铜质水龙头的含铅量是有严格的标准要求
不锈钢水龙头		不锈钢分为201不锈钢和304不锈钢，最好要选择304不锈钢水龙头，它不生锈、不含铅，不会对水源造成二次污染，但是因为304不锈钢的制作加工难度较大，所以价格较高
陶瓷水龙头		陶瓷水龙头具有不生锈、不氧化、不易磨损的优点。陶瓷水龙头外观美观大方，因为外壳也是陶瓷制品，所以更能与卫浴产品相搭配

水龙头的手柄主要分为螺旋式、单柄、双柄、带90°开关四种。螺旋式水龙头具有出水量大、价格实惠、维修简单的特点；单柄水龙头操作简便，结构简单，因为单柄水龙头开启和关闭水龙头的瞬间，水压会迅速升高，所以要选购铜含量高的单柄水龙头；双柄水龙头适合更多的场合，像台下盆龙头、按摩浴缸的缸边水龙头等，同时，双柄水龙头在调节水温时更加精准和细腻，适合对温度敏感的人；带90°开关的水龙头在启动和关闭时旋转手柄90°即可，冷热水分两边进行调节，其特点是开启方便，款式也比较多。

△ 面盆是用来洗脸的，应选择出水嘴短且低的水龙头

最好选购拥有起泡器的水龙头。因为起泡器具有防止溅水、节水过滤的作用，选购时可以打开水龙头，水流柔和且发泡（水流气泡含量）丰富说明起泡器质量较好。

影响水龙头质量最关键的就是阀芯。常见的阀芯有三种：陶瓷片阀芯、不锈钢球和轴滚式阀芯。其中，陶瓷阀芯因为耐磨性好、密封性能好，得到广泛应用。

水龙头的电镀不仅影响其美观，也直接决定了水龙头防蚀防锈的性能。目前，水龙头电镀厚度的国际标准是 8μm，最好的可达 12μm。质量好的水龙头一般是在精铜本体上镀半光镍、光亮镍和铬层。

△ 暗装龙头预埋前一定要注意卫浴间墙体的厚度。墙体太薄的话，将无法预埋阀芯

在选购水龙头的时候，很多水龙头商家配有进水软管，对于进水软管，要先量一下家里角阀到水龙头安装孔的距离，确定一下软管需要多长。其次要检查一下软管的质量，把软弯曲打一个结，或者折断几处，如果软管反弹得好，没有损伤，其质量就比较好，如果被折过后不能反弹，像断了一样，软管质量就较差。

⓸ 施工与验收要点

❖ 安装水龙头前需要先放水冲，冲净水管中的泥沙杂质，除去安装孔内的杂物，并检查包装盒内的配件，以免搅入杂质，从而堵塞或者磨损陶瓷阀芯。一定要彻底冲洗供水管以排除管道中的杂质。

❖ 接管的时候，记住左边是热水，右边是冷水，两管相距 100~200mm。进水接头位置固定后再卸下水龙头，待墙面泥水工完成以后，再安装水龙头，以免龙头表面镀层被磨损、刮花。如果是安装新的洗面盆，可将水龙头和排水器先组合再组装到面盆上。

❖ 在安装水龙头时必须固定牢固，并注意出水孔距与孔径。尤其是与浴缸或者水槽结合时，要特别注意，以免安装之后发生水龙头使用不方便的情况。不论浴缸水龙头还是面盆水龙头，都要保证完工后不歪斜。若发生歪斜情况，应及时调整。

洗脸盆

01 材料分类及选购常识

常见的洗脸盆材质有玻璃洗脸盆、大理石洗脸盆、陶瓷洗脸盆、不锈钢洗脸盆等。

材质类型		材质特点
玻璃洗脸盆		玻璃材质的洗脸盆会呈现一种亮晶晶的质感，加上独特的纹理，不仅能产生夺人眼球的光影效果，还能在浴室中带给人以高级的感觉。其缺点是易碎而且不耐高温
大理石洗脸盆		大理石是天然材质的代表，但是天然石材的洗脸盆会渗水，此时污迹就很容易随着水分渗透到石面内部，使用体验不是很好
陶瓷洗脸盆		陶瓷材质的洗脸盆在市场上的占有率在 80% 以上。优点就是易清理、耐磨损，比较耐用，同时，款式也较为丰富。不足之处是容易爆裂和挂脏
不锈钢洗脸盆		比较有现代时尚感，而且清洗起来也比较容易。不过，由于制造洗脸盆的钢材通常会经过磨砂和电镀等工艺，所以它的售价普遍偏高。但是，它的性价比较低，很容易被刮花

根据安装方式上，洗脸盆可分为台式洗脸盆、立柱式洗脸盆和壁挂式洗脸盆，其中，台式洗脸盆又分为台上盆和台下盆两种。

材质类型		材质特点
台上盆		台上盆的盆体置于台面上方，样式特别多，造型也比较多样，如果是小户型，想让卫浴间显得大气，可以选择台上盆

材质类型		材质特点
台下盆		台下盆是洗手盆中最常见的形式之一，为防止洗漱时水花四溅，它的水槽嵌在了台面之下。对安装要求较高，台面预留位置尺寸大小一定要与盆的大小相吻合
柱式洗脸盆		柱式洗脸盆非常适用于空间不足的卫生间，其立柱具有较好的承托力，安装在卫生间可以起到很好的装饰效果
壁挂式洗脸盆		壁挂式洗脸盆，顾名思义，就是采用悬挂在卫生间墙壁上的方式安装的脸盆，是一种非常节省空间的洗脸盆类型。入墙式排水系统一般可选择壁挂式洗脸盆

02 施工与验收要点

台上盆安装施工

✦ 台上盆的安装比较简单，只需按照安装图纸在台面上预设开孔位置，后将盆放置于孔中，用玻璃胶将缝隙填实即可。

台下盆安装施工

✦ 台下盆安装较之台上盆安装复杂，首先需要按照台下盆的尺寸定做安装托架，然后将台下盆安装在预定位置，固定好支架后，将已开好孔的台面盖在台下盆上。安装时注意，支架位置要固定准确，开孔的地方要磨圆。

柱式洗脸盆安装施工

✦ 首先将下水器安好，然后安上水龙头及软管。接着将瓷柱摆放到相应位置，把柱式洗脸盆小心地放上去，注意下水管正好插到原来地面留出的下水管处。然后将上水管连接到上水口。最后沿着柱式洗脸盆的边缘打上玻璃胶。

壁挂式洗脸盆安装施工

✦ 首先，依照墙面的安装孔打入螺栓，螺栓露出 7cm 于墙外，用来固定面盆。对准螺栓孔的位置，安装面盆，用水平尺确认面盆水平后锁紧螺栓。最后，在面盆与墙面的接缝处填补强力硅胶，加强结构固定，确保面盆的稳固性。

01 材料分类及选购常识

类型		特点
壁挂马桶		挂在墙上，下面是不落地的。优点是好看，并且马桶下面好清洁。缺点是墙里要嵌入水箱，需要一面厚度 12cm 左右的矮墙，会占用很多空间
分体式马桶		水箱和马桶是分开浇注的，浇注完后再组装起来，由于浇注难度低，成本会很低，质量也更可靠
连体马桶		水箱和马桶是一体式浇注的，难度高，但是外观上更好看，因此价格更高
隐藏式水箱马桶		只是把水箱做得小一点，和马桶一体化，藏在里面。这种马桶比较好看，但是冲水效果没有大水箱好
无水箱马桶		大多数是智能一体化马桶，没有水箱，只能利用基础水压去冲马桶，需要借助电能

选购常识
1	马桶的款式多种多样，购买时可以亲自坐在样品上体验一下，看看坐在上面舒不舒服，两脚弯曲是否合适，一切都以日常使用方便为前提
2	马桶的冲水方式很重要，推荐喷射虹吸式，因为其噪声小，去污力强。可以找一个烟头扔进去，如果一下就能够冲下去，而且声音不大，说明去污能力强。
3	智能坐便器的盖板一般采用 ABS 材料，普通坐便器盖板一般有两种，一种是 PP 材料，另一种是 UF 脲醛材料。PP 盖板比较常见，价格便宜，耐用、不容易断裂。脲醛盖板用不了多久就不会变色，质地比较脆，不耐摔，但价格比较贵。选择盖板时需要注意两点：首先是选择带缓冲的盖板，这种盖板会慢慢地落下，不会砸到马桶发出很响的声音，这样能很好地保护盖板；其次不要购买那种安装麻烦的盖板，毕竟盖板的寿命比马桶要短很多，用坏了还要更换新的，容易安装的盖板更方便
4	坐便器上的水件也容易坏。打开水箱的盖子，先用手晃动一下水件，看看水件安装是否紧凑，再动一动连接杆，看看连接部分活动是否灵敏，然后用手按一下水件按钮，感受一下往下按是否顺畅，按钮回弹是否正常，这些都是判断一个水件质量的标准
5	检查马桶的釉面也很重要，首先要仔细看清楚表面是否有补釉，补釉的地方跟其他地方的颜色会有一些差别。补釉的马桶属于次品，釉面不耐用，时间久了可能会出现釉面掉落现象。其次用手摸一下排污管道，看看管道是否施釉，全施釉的管道内壁光滑，排污效果好，若管道内壁比较粗糙，有凹凸不平的颗粒，就容易卡住污物和卫生纸，要谨慎购买

02 施工与验收要点

❖ 在安装马桶之前，需要进行各类数值的确认和计算。另外，还需要先对下水道和排污口进行彻底的检查。看看管道内是否有杂物，会不会造成堵塞问题，同时要查看马桶安装位置的地面是否平整，如果存在倾斜，需要提前对地面进行水平调整。

❖ 在安装马桶下水口的时候，需要注意平整度的问题。另外，在安装马桶时，应在底部加装法兰或涂刷玻璃胶，让下水口达到平整状态。当然马桶的边缘也要抹胶，这样才能避免水汽渗入地面。马桶和墙面的缝隙应当一致，以保证马桶保持水平状态。

❖ 如果需要另外安装地脚螺栓的话，则需要在马桶排水处的周边均匀涂刷专门的密封胶。同时在进行地脚螺栓安装的时候，在螺栓内部也应先进行密封胶的涂抹，再安装，这样不仅增加了螺栓的黏结度，而且保障了马桶的稳定性。若马桶底部和地面存在缝隙，则需要使用玻璃胶来进行填缝处理，将水汽有效阻隔在马桶外围。

❖ 马桶安装完毕后，还需要进行验收工作，先看水管，按下冲水按钮，将马桶的管道进行彻底清洗，看看内部水流是否正常。然后看进水阀安装是否正确，密封效果是否优良，排水是否顺畅。

浴室柜

01 材料分类及选购常识

从安装形式来说，浴室柜主要有落地式和挂墙式两种。落地式浴室柜适用于干湿分离、空间较大的卫浴间；挂墙式浴室柜节省空间、易于打理，便于清除卫生死角，但要求墙体是承重墙或者实心砖墙。

此外，还要根据卫浴间面积的不同，选购规格大小适宜、性价比高的浴室柜。如果卫浴间的空间较小，可以选择储藏空间大、收纳功能齐全的浴室柜，如与镜面结合的单柜、橱柜等，这样既不影响原有功能，又能充分利用空间。

浴室柜的台面是接触外界和受磨损最多的地方，因此浴室柜台面一定要选择质地坚硬、不容易损坏的材质。钢化玻璃、大理石、人造大理石等都是不错的选择。

从材质来看，浴室柜分为实木浴室柜、PVC浴室柜、不锈钢类浴室柜、亚克力浴室柜等。目前，市面上热卖的主要是PVC浴室柜和实木浴室柜。

△ 挂墙式浴室柜

△ 落地式浴室柜

类型		特点
实木浴室柜		经过多道防水工序和烤漆工艺加工而成，防水性能很好。但实木浴室柜在过于干燥的环境下容易干裂，需要经常用较潮湿的棉布擦拭
PVC浴室柜		PVC板材防水性能极好，抗高温、耐擦耐划、易清理。并且烤漆的颜色鲜艳、光泽度佳。但在受到重力时会变形，所以这类柜体一般所承受的台盆体积和重量较小

类型		特点
不锈钢浴室柜		不锈钢浴室柜防潮、防霉、防锈的效果不错。但受材质限制，不锈钢柜体单薄，且容易变暗，失去原来的光彩
亚克力浴室柜		防水性能较好，但其质地较脆，容易出现划痕和裂痕

02 施工与验收要点

落地式浴室柜安装

❧ 将柜体横放，将柜脚组件通过双头螺栓拧在固定片上，然后将柜子平放在适当的位置，柜脚尽量往外侧板靠，使柜体受力均匀，并通过地脚螺栓调整到水平状态。摆放时看四个脚是否平稳。如果不在同一水平线上，柜体受力不均匀，线条扭曲，不但影响美观，而且会缩短使用寿命。

挂墙式浴室柜安装

❧ 首先检查墙体是否为实心砖墙，若不是，则改用落地式。按选定的孔位，用冲击钻在墙面上打孔，将挂墙配件中的塞子装入孔中，再用自攻螺栓将柜与墙面锁紧，也可用膨胀螺栓安装。柜子安装完毕后，再把台面盆对准柜子的木筒，调节放平。

　　浴室柜的安装高度一般是80cm，这个尺寸可以根据使用者的身高进行调整，如果家人身高偏高，可以适当调高尺寸，若身高偏低，要适当调低。一般是在手腕以上胳膊肘以下十几厘米的高度。浴室柜的宽度在80cm以上，使用起来较为舒适，主要考虑两肘部的活动空间，避免磕碰。建议浴室柜的横向活动空间在90cm以上。浴室柜前，应该预留至少65cm的活动空间，如果家人体形偏胖还需加宽，主要考虑弯腰时臀部的活动空间。

01 材料分类及选购常识

在选择浴缸的时候，首先要考虑的是品牌和材质，通常是由购买的预算来决定的；其次是浴缸的尺寸、形状和水龙头孔的位置，这些要素是由浴室的布局和客观尺寸决定的；最后还要根据自己的兴趣和喜好选择浴缸的款式。

浴缸种类繁多，在用料和制作工艺上各不相同，材料以亚克力、钢板、铸铁为主流产品，其中，铸铁档次最高，亚克力和钢板次之，陶瓷作为过去浴缸的绝对主流，现在市场上几乎看不到了。

浴缸的大小要根据浴室的尺寸来确定，如果确定把浴缸安装在角落里，通常，三角形浴缸比长方形浴缸占空间多。如果浴缸上还要加淋浴喷头的话，浴缸要选择稍宽一点的，淋浴位置下面的浴缸部分要平整，且应经过防滑处理。尺码相同的浴缸，其深度、宽度、长度和轮廓并不一样。如果喜欢水深点，溢水出口的位置要高一些，如果溢水出口过低，水位一旦超过了这个高度，水就会向外流，浴缸中的水很难达到要求的深度。家中有老人或伤残人，最好选边位较低的，还可以在适当位置安装扶手。

如果要买有裙边的，要注意裙边的方向。要根据下水口和墙壁的位置，确定选左裙还是右裙的。如果买错了，就无法安装。

△ 没有裙边的浴缸可用砖砌成裙边，打上玻璃胶，保持浴缸底干爽，延长使用寿命长

△ 直接把浴缸放在地面上的安装方式很简单，而且方便检修，但只适合面积较大的卫浴间

△ 靠墙安装浴缸可以节省大量的空间，适合卫浴间面积较小的家庭

类型		特点
亚克力浴缸		成本相对较低，造型多，重量轻，表面光滑，家里有老人、小孩最好搭配防滑垫使用；耐压差、不耐磨、表面容易老化
铸铁浴缸		铸铁浴缸表面覆着搪瓷面，使用的时候噪声小，使用耐久，方便清洁；缺点是重量大，运输成本高
实木浴缸		就是平时常见的实木泡澡桶，大多使用橡木，好一些的使用柏木。保温效果较好，但价格稍高，如果养护不当，容易漏水、变形
钢板浴缸		使用寿命比较长，价格在 3000 元左右，是传统型浴缸，性价比较高
按摩浴缸		水流可从不同角度喷射，力度和方位不同，水流按摩效果也不同。价格较高，基本在万元左右

02 施工与验收要点

✧ 在安装前要确定好各个线路图，并检查好排水口和入水口，弄清楚管道的冷热水方向，在安装的时候就会省很多事。

✧ 浴缸安装好后，可以将浴缸注满水，检查浴缸是否漏水。若没有问题，再打开排水口，查看排水口排水情况。

✧ 检查浴缸水平、前后、左右位置是否合适，检查排水设施是否合适。安装过程中对浴缸及下水设施采取防脏、防磕碰、防堵塞的措施，角磨机、点焊机的火花不要溅到浴缸上面，否则会对釉面造成损伤，影响浴缸美观度。

✧ 注意浴缸保护。在房屋装修过程中，可以用柔软的材料覆盖浴缸表面，切勿在浴缸上站立施工，或在浴缸边缘放置重物，以免损坏浴缸。浴缸安装 24 小时后，方能使用。

01 材料分类及选购常识

淋浴房可以分为一字形淋浴房、方形淋浴房、钻石形淋浴房、弧形淋浴房等。一字形淋浴房通常是把一整面墙的空间作为淋浴区，内部空间充足。因为三面都是墙，节省材料，价格也相对便宜。长条形卫浴间通常设计一字形淋浴房。方形、钻石形、弧形淋浴房通常是将一个墙体角落作为淋浴区，空间可大可小，弧形淋浴房最适合小户型卫浴间。不过，其做工相对复杂，用到的玻璃、五金件也较多，价格也比较昂贵。但不管哪种类型的淋浴房，宽度都要在 900mm 以上，这样使用起来才不会拥挤。

构件	选购方法
玻璃	淋浴房的玻璃要选择有 3C 认证标志的钢化玻璃，其抗冲击力强，不易破碎。考虑到爆裂的危险，可以在淋浴房的玻璃上加一层防爆膜，这样可以把碎玻璃粘住，不会割伤人。常见的淋浴房玻璃厚度有 6mm、8mm、10mm 三种。造型不一样，需要的厚度也不同。弧形淋浴房选择 6mm 的厚度就可以，方形淋浴房、钻石形淋浴房、一字形淋浴房可以选择 8mm 或 10mm 厚的玻璃
五金件	淋浴房的五金主要有滑轮、铰链、合页。质量好的五金，滑动、开关顺畅，声音小，稳定性好。不好的五金件，推拉费劲，牢固性差
门吸胶条	门吸胶条是为了防止玻璃碰撞自爆，同时也避免淋浴时水流到干区。建议选择 PVC/EVA 胶条，其密封性强、防水性能好
挡水条	用来拦截地面水，防止水流到干区。常见材质有人造石和塑钢石，安装方式分为预埋式和地上式，其中，地上式更换比较方便

△ 一字形淋浴房

△ 方形淋浴房

△ 钻石形淋浴房

△ 弧形淋浴房

淋浴房开门方式分为平开门和推拉门。平开门会占用室内空间，对于其他洁具位置有要求，布局不合理的话，容易碰到马桶和浴室柜。推拉门节省空间，但是用到的五金件更多，耐用度比不上平开门。选择哪种开门方式，要根据卫浴间里的物品摆放来决定。如果卫浴间的空间小，建议使用推拉门；如果卫浴间面积大，两种开门方式都可以选择。

△ 平开门

△ 推拉门

② 施工与验收要点

注意做好装前准备

✎ 正规淋浴房厂家会派专业人员上门安装，使用工具随身带齐，更加快捷方便。底盆安装一定要仔细，进行试水检测是必不可少的环节，如果房体已安装好，想做较大的改动就比较困难了。

安装底盘

✎ 组合好底盆零件，调节底盆水平，确保盆内、盆底无积水；软管可随距离远近伸缩，将盆底与地漏连接牢固。

测验、保护

✎ 装好后需要进行试水检验，以确保下水畅通无阻。在房体安装前也要对已装好的底盆进行保护。

房体安装

✎ 淋浴房安全与否与房体安装是否正规有着重要关系，找位打孔是否准确、配件安装松紧是否得当、防水密封是否做好等均影响到产品能否正常使用。安装时的力度与角度也是一般人很难把握好的。

01 材料分类及选购常识

主体材料类型		特点
合金镀铬		廉价地漏的首选，不良商家拿来冒充铜。买时光亮，用一段时间会生锈且表面易刮花
304 不锈钢拉丝		拉丝工艺处理，亚光质感，表面耐刮耐磨，不易生锈
全铜镀铬		电镀处理，有镜面效果，光亮如镜，不易生锈。由于铜材质地较软，比较不耐刮
全铜镀镍拉丝		拉丝处理，亚光质感，拉丝面耐刮花，不易生锈

内芯材料类型	特点
合金材质	低端便宜地漏多使用这种材质，容易被腐蚀、生锈
不锈钢、铜材	质量相对较高，耐腐蚀，品质好
ABS、硅胶	ABS 是工程塑料，和硅胶一样都不会生锈，是性价比很高的内芯材质之选

房地产商在交房时排水的预留孔都比较大，需要装修人员予以修整。许多业主是在装修的最后根据修整过的排水口尺寸去选购地漏，但市场上的地漏全部是标准尺寸，所以选不到满意产品的情况时有发生。业主应在装修的设计阶段就先选定自己中意的地漏，然后根据地漏的尺寸去进行排水口施工。另外，地漏箅子的开孔孔径应控制在6~8mm之间，防止头发、污泥、沙粒等污物进入地漏。

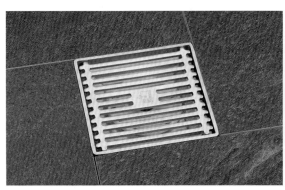

　　在选择地漏的时候还应依据使用地点的不同来确定。如果是淋浴间使用的地漏，就一定要选用排水量大的。如果是洗衣机使用的地漏，那么要在出水口安装缓冲器，让瞬间水压变小一些，最好选用洗衣机专用地漏。

02 施工与验收要点

❖ 在安装前，排水管应该包扎保护起来。在安装时，首先解下包扎保护，然后查看管道内部有无砂砾、泥土，是否被堵住。如果管口有污渍，需要先用干布将其清洁干净。若排水管距离地面过近，应将排水管适量裁短，使地漏安装后面板略低于地面。

❖ 地漏安装一般与地面铺砖同时进行。在做好地面防水以后，就可以铺砖和安装地漏了。一般的地漏安装比较简单，在安装前，选好相应大小的地漏，将地漏抹上水泥，对准下水口，然后盖上地漏面板即可。

❖ 安装地漏时，需要特别注意做好流水坡度处理。一般的处理方法是将地漏摆放在安装管道上，然后进行测量，以确定瓷砖切割尺寸。接着切割瓷砖，固定地漏，铺贴地漏周边切割好的瓷砖，形成下水坡度。

❖ 地漏安装好后，务必将地漏四面的缝隙用玻璃胶或其他黏合剂封严，确保下水管道的臭气无法通过缝隙散发出来。